技工院校"十四五"规划服装设计与制作专业系列教材
中等职业技术学校"十四五"规划艺术设计专业系列教材

服装工艺

丛章永　蔡文静　吴建敏　主　编
高梦婷　李顺萍　副主编

华中科技大学出版社
http://www.hustp.com
中国·武汉

内 容 简 介

　　本书从服装工艺基础、领子制作工艺、袖衩袖口制作工艺、口袋制作工艺、装拉链与缲腰工艺等方面对服装工艺进行深入的分析与讲解,帮助学生了解服装工艺的历史及发展,掌握服装零部件的制作工艺,以及低腰 A 字裙、西装裙、褶裙制作工艺。本书结合服装设计与制作专业的基础知识脉络,运用理实一体的方式展开知识点的讲解和实训。本书内容全面,条理清晰,注重理论与实践的结合,每个项目都设置了相应的实操练习,符合技工院校和中等职业技术学校的人才培养需求,也可作为服装设计与制作行业人员的入门教材。

图书在版编目(CIP)数据

服装工艺/丛章永,蔡文静,吴建敏主编.—武汉:华中科技大学出版社,2022.1(2024.7 重印)
ISBN 978-7-5680-7865-8

Ⅰ.①服…　Ⅱ.①丛…　②蔡…　③吴…　Ⅲ.①服装工艺-教材　Ⅳ.①TS941.6

中国版本图书馆 CIP 数据核字(2022)第 006043 号

服装工艺
Fuzhuang Gongyi

丛章永　蔡文静　吴建敏　主编

策划编辑:金　紫
责任编辑:卢　苇
封面设计:金　金
责任校对:王亚钦
责任监印:朱　玢
出版发行:华中科技大学出版社(中国·武汉)　　电话:(027)81321913
　　　　　武汉市东湖新技术开发区华工科技园　　邮编:430223
录　　排:华中科技大学惠友文印中心
印　　刷:武汉市洪林印务有限公司
开　　本:889mm×1194mm　1/16
印　　张:9.75
字　　数:337 千字
版　　次:2024 年 7 月第 1 版第 2 次印刷
定　　价:39.80 元

技工院校"十四五"规划服装设计与制作专业系列教材
中等职业技术学校"十四五"规划艺术设计专业系列教材
编写委员会名单

● 编写委员会主任委员

文健（广州城建职业学院科研副院长） 宋雄（广州市工贸技师学院文化创意产业系副主任）

叶晓燕（广东省交通城建技师学院艺术设计系主任） 张倩梅（广东省交通城建技师学院艺术设计系副主任）

周红霞（广州市工贸技师学院文化创意产业系主任） 吴锐（广州市工贸技师学院文化创意产业系广告设计教研组组长）

黄计惠（广东省轻工业技师学院工业设计系教学科长） 汪志科（佛山市拓维室内设计有限公司总经理）

罗菊平（佛山市技师学院应用设计系副主任） 林姿含（广东省服装设计师协会副会长）

● 编委会委员

陈杰明、梁艳丹、苏惠慈、单芷颖、曾铮、陈志敏、吴晓鸿、吴佳鸿、吴锐、尹志芳、陈思彤、曾洁、刘毅艳、杨力、曹雪、高月斌、陈矗、高飞、苏俊毅、何淦、欧阳敏琪、张琮、冯玉梅、黄燕瑜、范婕、杜聪聪、刘新文、陈斯梅、邓卉、卢绍魁、吴婧琳、钟锡玲、许丽娜、黄华兰、刘筠烨、李志英、许小欣、吴念姿、陈杨、曾琦、陈珊、陈燕燕、陈媛、杜振嘉、梁露茜、何莲娣、李谋超、刘国孟、刘芊宇、罗泽波、苏捷、谭桑、徐红英、阳彤、杨殿、余晓敏、刁楚舒、鲁敬平、汤虹蓉、杨嘉慧、李鹏飞、邱悦、冀俊杰、苏学涛、陈志宏、杜丽娟、阳丽艳、黄家岭、冯志瑜、丛章永、张婷、劳小芙、邓梓艺、龚芷玥、林国慧、潘启丽、李丽雯、赵奕民、吴勇、刘殷君、陈玥冰、赖正媛、王鸿书、朱妮迈、谢奇肯、杨晓玲、吴滨、胡文凯、刘灵波、廖莉雅、李佑广、曹青华、陈翠筠、陈细佳、代蕙宁、古燕苹、胡年金、荆杰、李津真、梁泉、吴建敏、徐芳、张秀婷、周琼玉、张晶晶、李春梅、高慧兰、陈婕、蔡文静、付盼盼、谭珈奇、熊洁、陈思敏、陈翠锦、李桂芳、石秀萍、周敏慧、邓兴兴、王云、彭伟柱、马殷睿、汪恭海、李竞昌、罗嘉劲、姚峰、余燕妮、何蔚琪、郭咏、马晓辉、关仕杰、杜清华、祁飞鹤、赵健、潘泳贤、林卓妍、李玲、赖柳燕、杨俊龙、朱江、刘珊、吕春兰、张焱、甘明坤、简为轩、陈智盖、陈佳宜、陈义春、孔百花、何旭、刘智志、孙广平、王婧、姚歆明、沈丽莉、施晓凤、王欣苗、陈洁冬、黄爱莲、郑雁、罗丽芬、孙铁汉、郭鑫、钟春琛、周雅靓、谢元芝、羊晓慧、邓雅升、阮燕妹、皮添翼、麦健民、姜兵、童莹、黄汝杰、薛晓旭、陈聪、邝耀明

● 总主编

文健，教授，高级工艺美术师，国家一级建筑装饰设计师。全国优秀教师，2008年、2009年和2010年连续三年获评广东省技术能手。2015年被广东省人力资源和社会保障厅认定为首批广东省室内设计技能大师，2019年被广东省教育厅认定为建筑装饰设计技能大师。中山大学客座教授，华南理工大学客座教授，广州大学建筑设计研究院室内设计研究中心客座教授。出版艺术设计类专业教材120种，拥有具有自主知识产权的专利技术130项。主持省级品牌专业建设、省级实训基地建设、省级教学团队建设3项。主持100余项室内设计项目的设计、预算和施工，项目涉及高端住宅空间、办公空间、餐饮空间、酒店、娱乐会所、教育培训机构等，获得国家级和省级室内设计一等奖5项。

● 合作编写单位

（1）合作编写院校

广州市工贸技师学院	广州市蓝天高级技工学校
佛山市技师学院	茂名市交通高级技工学校
广东省交通城建技师学院	广州城建技工学校
广东省轻工业技师学院	清远市技师学院
广州市轻工技师学院	梅州市技师学院
广州白云工商技师学院	茂名市高级技工学校
广州市公用事业技师学院	汕头技师学院
山东技师学院	广东省电子信息高级技工学校
江苏省常州技师学院	东莞实验技工学校
广东省技师学院	珠海市技师学院
台山敬修职业技术学校	广东省机械技师学院
广东省国防科技技师学院	广东省工商高级技工学校
广州华立学院	深圳市携创高级技工学校
广东省华立技师学院	广东江南理工高级技工学校
广东花城工商高级技工学校	广东羊城技工学校
广东岭南现代技师学院	广州市从化区高级技工学校
广东省岭南工商第一技师学院	肇庆市商业技工学校
阳江市第一职业技术学校	广州造船厂技工学校
阳江技师学院	海南省技师学院
广东省粤东技师学院	贵州省电子信息技师学院
惠州市技师学院	广东省民政职业技术学校
中山市技师学院	广州市交通技师学院
东莞市技师学院	广东机电职业技术学院
江门市新会技师学院	中山市工贸技工学校
台山市技工学校	河源职业技术学院
肇庆市技师学院	
河源技师学院	

（2）合作编写组织

广州市赢彩彩印有限公司
广州市壹管念广告有限公司
广州市璐鸣展览策划有限责任公司
广州波错展览设计有限公司
广州市风雅颂广告有限公司
广州质本建筑工程有限公司
广东艺博教育现代化研究院
广州正雅装饰设计有限公司
广州唐寅装饰设计工程有限公司
广东建安居集团有限公司
广东岸芷汀兰装饰工程有限公司
广州市金洋广告有限公司
深圳市千千广告有限公司
广东飞墨文化传播有限公司
北京迪生数字娱乐科技股份有限公司
广州易动文化传播有限公司
广州市云图动漫设计有限公司
广东原创动力文化传播有限公司
菲逊服装技术研究院
广州珈钰服装设计有限公司
佛山市印艺广告有限公司
广州道恩广告摄影有限公司
佛山市正和凯歌品牌设计有限公司
广州泽西摄影有限公司
Master 广州市爌大师艺术摄影有限公司
广州昕宸企业管理咨询有限公司

序　言

　　技工教育和中职中专教育是中国职业技术教育的重要组成部分，主要承担培养高技能产业工人和技术工人的任务。随着"中国制造 2025"战略的逐步实施，建设一支高素质的技能人才队伍是实现规划目标的必备条件。如今，国家对职业教育越来越重视，技工和中职中专院校的办学水平已经得到很大的提高，进一步提高技工和中职中专院校的教育、教学和实训水平，提升学生的职业技能，弘扬和培育工匠精神，已成为技工院校和中职中专院校的共同目标。而高水平专业教材建设无疑是技工院校和中职中专院校教育特色发展的重要抓手。

　　本套规划教材以国家职业标准为依据，以综合职业能力培养为目标，以典型工作任务为载体，以学生为中心，根据典型工作任务和工作过程设计教学项目和学习任务。同时，按照工作过程和学生自主学习的要求进行内容设计，实现理论教学与实践教学合一、能力培养与工作岗位对接合一、实习实训与顶岗工作合一。

　　本套规划教材的特色在于：在编写体例上与技工院校倡导的"教学设计项目化、任务化，课程设计教、学、做一体化，工作任务典型化，知识和技能要求具体化"紧密结合，体现任务引领实践的课程设计思想，以典型工作任务和职业活动为主线设计教材结构，以职业能力培养为核心，将理论教学与技能操作相融合作为课程设计的抓手。本套规划教材在理论讲解环节做到简洁实用、深入浅出；在实践操作训练环节体现以学生为主体的特点，创设工作情境，强化教学互动，让实训的方式、方法和步骤清晰，可操作性强，并能激发学生的学习兴趣，促进学生主动学习。

　　本套规划教材由全国 50 余所技工院校和中职中专院校服装设计专业共 60 余名一线骨干教师与 20 余家服装设计公司一线服装设计师联合编写。校企双方的编写团队紧密合作，取长补短，建言献策，让本套规划教材更加贴近专业岗位的技能需求，也让本套规划教材的质量得到了充分的保证。衷心希望本套规划教材能够为我国职业教育的改革与发展贡献力量。

技工院校"十四五"规划服装设计与制作专业系列教材
总主编
中等职业技术学校"十四五"规划艺术设计专业系列教材

教授 / 高级技师　文健

2021 年 5 月

前　言

　　服装工艺是服装设计与制作专业的一门必修核心课程,重在实践。近年来,服装新材料的研发成果广泛应用于服装的面料与辅料,缝制设备的专业化、智能化水平大为提高,服装制作工艺也在向着机械化、自动化、智能化的方向发展。

　　本书在编写体例上与技工院校倡导的教学设计项目化、任务化,课程设计教实一体化,知识和技能要求具体化等要求紧密结合。体现任务引领实践的课程设计思想,以综合职业能力培养为核心,将理论教学与技能操作相融合作为课程设计的抓手。本书在理论讲解环节简洁实用,深入浅出;在实践操作训练环节体现以学生为主体的特点,教学互动充分,实训的方式、方法、步骤清晰,可操作性强,知识、技能跨度设计合理,能在每个学习阶段激发学生的学习兴趣,促进学生主动学习。

　　本书在编写过程中得到了惠州市技师学院、广东省轻工业技师学院、东莞市技师学院等兄弟院校师生的大力支持和帮助,在此表示衷心的感谢。由于编者的学术水平有限,本书难免存在一些不足之处,敬请读者批评指正。

丛章永

2021 年 8 月

课时安排（建议课时 120）

项目	课程内容		课时
项目一　服装工艺基础	学习任务一　服装工艺概述及工具介绍	1	8
	学习任务二　手针工艺	3	
	学习任务三　机缝工艺	4	
项目二　领子制作工艺	学习任务一　男式衬衫领制作工艺	5	20
	学习任务二　旗袍领制作工艺	5	
	学习任务三　小翻领制作工艺	4	
	学习任务四　西装领制作工艺	6	
项目三　袖衩袖口制作工艺	学习任务一　无袖袖口贴边工艺	4	16
	学习任务二　女式衬衫滚边袖衩袖口制作工艺	4	
	学习任务三　男式衬衫宝剑头袖衩袖口制作工艺	4	
	学习任务四　西装袖口制作工艺	4	
项目四　口袋制作工艺	学习任务一　单层圆底贴袋制作工艺	2	20
	学习任务二　立体贴袋制作工艺	4	
	学习任务三　装拉链贴袋制作工艺	5	
	学习任务四　单嵌线挖袋制作工艺	4	
	学习任务五　双嵌线挖袋制作工艺	5	
项目五　装拉链与绱腰工艺	学习任务一　西装裙装明拉链工艺	4	20
	学习任务二　男式休闲裤装前门拉链工艺	4	
	学习任务三　A字裙装隐形拉链工艺	4	
	学习任务四　裙子绱腰工艺	4	
	学习任务五　裤子绱腰工艺	4	
项目六　裙子制作工艺	学习任务一　低腰A字裙制作工艺	12	36
	学习任务二　西装裙制作工艺	12	
	学习任务三　褶裙制作工艺	12	

目　　录

项目一　服装工艺基础

学习任务一　服装工艺概述及工具介绍

教学目标

（1）专业能力：了解服装工艺的发展历程和组成部分，掌握常用服装设备及工具的用途。

（2）社会能力：能将服装设计理论与服装生产加工相结合，培养爱岗敬业精神及严谨、规范、细致、耐心等优良品质，掌握安全和规范操作的方式、方法。

（3）方法能力：掌握服装工艺技术文件制定的标准，了解缝制、裁剪、熨烫、质量检验的过程及方法，能操作常用服装设备。

学习目标

（1）知识目标：理解服装工艺的概念和流程，能将服装设备与名称匹配。

（2）技能目标：掌握服装工艺常用工具的使用方法和技巧。

（3）素质目标：通过小组讨论、资料查找提高自主学习、交流沟通能力。

教学建议

1. 教师活动

（1）前期收集服装工艺发展过程中重要时期具有代表性的设备、工具的资料，讲解服装工艺发展史，提高学生对服装工艺的认知。

（2）引导学生赏析具有代表性的中外典型服装款式。

2. 学生活动

（1）认真听课，观看教师准备的服装工艺多媒体素材，学会欣赏，积极大胆地表达自己的看法，与教师良好地互动。

（2）认真分析服装设备的使用方法，保持热情，学以致用，加强实践与总结。

一、学习问题导入

服装设计与制作专业很重要的一个组成部分是服装工艺,本次课主要了解服装工艺的发展历程,学习服装工艺的组成,这对接下来的专业学习是十分必要的。

二、学习任务讲解

1. 服装工艺发展简述

服装工艺是指从服装量体、结构制图到排料、画样、裁剪、缝纫、熨烫等整个成衣加工成型过程中服装的制作工艺,主要由服装结构制图纸样设计(俗称"打版")和服装缝制两大部分组成。服装工艺必备的测量工具是皮尺和卷尺,如图1-1和图1-2所示。

图 1-1 普通皮尺　　　　　　　　　　　　图 1-2 迷你卷尺

服装工艺作为服装生产的技术手段,无论中西方都经历了漫长的从低级阶段向高级阶段发展的过程。人类祖先在与大自然的搏斗中,学会了将兽皮、树叶等材料缝合成片、包裹身体,形成原始的服装,这就是原始的缝制工艺形式。服装的产生促进了人类社会文明的进步,在手工业时代,服装都是手工制作而成的,其产量较低、生产成本高。随着工业革命的发展,服装制作逐渐从手工制作演变为机械化生产,出现了专门的服装缝纫设备及工具。

服装缝纫设备的发明和加工工具的不断改进,促进了服装工艺的发展。从使用骨针的新石器时代到发明铜针的14世纪,直至近现代工业兴起之前,服装工艺的方式一直都是手工制作。之后英国人发明了手摇链式线迹缝纫机,19世纪末马达驱动的缝纫机问世,人们开始对各种缝纫机械进行专门研究,其性能以及机械化、自动化程度不断提高。

服装加工工具和设备种类繁多,常见的加工工具和设备多达上千种,例如缝纫机械有中高速平缝机、包缝机、绷缝机、链缝机、钉扣机、锁眼机、套结机、刺绣机等;熨烫机械有各种部件的熨烫机、成品立体整烫机、拨裆机等。近年来计算机在服装工业中的应用更加广泛,使服装工艺无论是技术方法还是组织形式都产生了质的变化。具体如图1-3~图1-6所示。

图 1-3 中西方古代的手工织布机

2. 服装工艺的组成

服装工艺是服装成品加工的过程体系,要依据不同服装的品种、款式和技术要求制定出具体的加工方

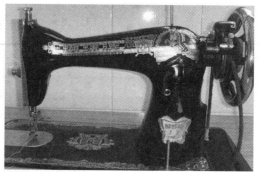

图1-4　手摇缝纫机和脚踏缝纫机

图1-5　高速电脑平缝机

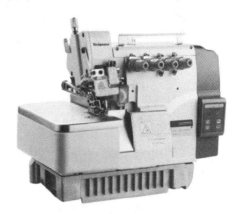

图1-6　五线包缝机

法和生产程序。现代服装品种、款式千变万化，加工方法、生产程序也随着新材料、新技术的不断出现而推陈出新。整体来看，服装工艺总体工艺形态、技术原理、产品加工基础工序基本相同。一般而言，服装工艺由以下几个部分组成。

（1）服装工艺技术文件的制定。

服装生产前首先要制定工艺技术文件，包括款式技术说明书、服装款式图、成品规格表、加工工艺流程图、生产流水线工程设置、质量标准、标准系列样板和产品样品等。

（2）裁剪工艺。

服装裁剪是服装生产的第一道工序，它的主要内容是根据技术文件所制定的生产某一服装产品所需的面料、里料、衬料及其他辅料，按照标准系列样板及排料要求，制定出裁剪方案，然后剪切成衣片。裁剪方法、过程、质量都要符合技术文件的要求。裁剪设备如图1-7和图1-8所示。

图1-7　铺布裁剪一体化机

图1-8　三合一电脑裁剪设备

（3）缝制方法。

服装缝制是服装加工最重要的环节，技术要求较为复杂。它是按特定款式的工艺标准把衣片组成服装的一个工艺处理过程。在服装缝制过程中，科学合理地选用各式缝纫设备和工具，并组织好流水线工序尤为重要。缝制过程中使用的纸样设备如图1-9～图1-11所示。

图 1-9　高速喷墨绘图仪

图 1-10　立式喷切一体机

图 1-11　数字化仪

（4）熨烫塑形。

熨烫塑形贯穿服装加工全过程，通过机械或手工操作熨斗，对成品或半成品衣片施加一定的温度、湿度、压力等，并持续一段时间，改变某部位织物的经纬密度及衣片外形，从而达到使服装立体塑造人体体形的效果。熨烫塑形过程中使用的锁钉设备如图 1-12 和图 1-13 所示。

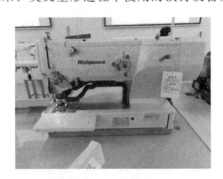

图 1-12　平头锁眼机

图 1-13　钉扣机

（5）成品质量检验。

服装成品质量的控制标准是使服装产品在整个加工过程中得到质量保证的必要措施和手段。想要每个特定的服装产品达到相应的质量要求，必须依靠服装工艺中的每个环节的质量检验措施。成品质量检验标准分为国家标准、部颁标准、地区标准和企业标准等。

三、学习任务小结

通过本次课的学习，我们了解了服装工艺的发展历程，认识了服装工艺中常用的工具和设备，对服装工艺有了更加深刻的理解。课后，同学们要多学习服装工艺的各组成部分，并通过自主学习，归纳和总结出各个组成部分的重难点及大致步骤，深入了解服装工艺与服装设计的关系，明确服装工艺的重要性。

四、课后作业

收集 6 种服装设备的机器特性及适用范围说明，以及对应的加工成品（或小样）图片。

五、课外知识

服装设备认知,如图 1-14～图 1-20 所示。

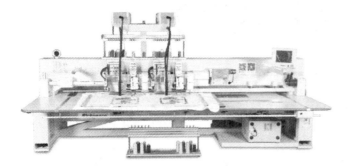

图 1-14　五合一电脑绣花机

图 1-15　模板专用激光切割机

图 1-16　自动铺布机

图 1-17　云智能触控教学绣花机

图 1-18　单头全自动模板缝纫机

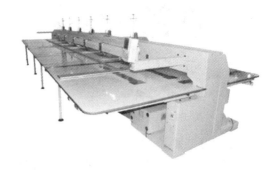

图 1-19　全自动模板缝纫机一

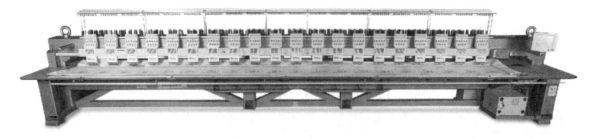

图 1-20　全自动模板缝纫机二

学习任务二　手针工艺

教学目标

(1) 专业能力：认识手针工艺常用工具，能区分手针型号并了解其用途，掌握手针工艺的各种缝制技法。

(2) 社会能力：掌握手针工艺在各种服装工艺中的使用方法和技巧，并能灵活运用。

(3) 方法能力：具备辨别手针型号的能力，读图能力，实操动手能力和交流沟通能力。

学习目标

(1) 知识目标：掌握手针工艺的理论知识和实操步骤。

(2) 技能目标：掌握手针工艺的具体缝制技法，并熟练应用于服装制作。

(3) 素质目标：通过服装手针工艺成品鉴赏和手针工艺实操训练，提高服装成品制作和立体裁剪技能。

教学建议

1. 教师活动

(1) 前期收集优秀的手针工艺成品或者成衣，通过现场展示、视频播放或多媒体讲解的方式，提高学生的学习兴趣。

(2) 引导学生认识手针工艺常用工具，分析手针工艺作品，利用多媒体和手机等设备进行优秀作品赏析。

2. 学生活动

(1) 熟悉手针工艺工具，认真观察手针工艺成品，对其针法和布料进行分析，积极大胆地表达自己的看法，与教师良好地互动。

(2) 观看教师分享的手针工艺多媒体课件和视频等，认真观察与分析，学会欣赏，不断加强实践与总结。

一、学习问题导入

想要制作出舒适合体、美观大方的服装,需要准确的量体和裁剪,更需要精良的制作工艺。一名合格的服装技术人员,不仅要熟练地使用缝纫机械,还要熟练地掌握手针工艺。手针工艺具有操作灵活简便的特点,现代服装的缝、环、缲、缭、拱、扳、扎、锁、钩等工艺,都体现了高超的手针工艺技法。手针工艺历史悠久,无论是中国传统的旗袍、中山装,还是现在流行的各种礼服,都有手针工艺的存在,如图1-21所示。

图1-21 手针工艺在旗袍中的应用

二、学习任务讲解

(一)手针工艺工具

手针工艺,顾名思义,就是用手拿针进行服装缝纫和制作的工艺。手针是一种钢针,顶端尖锐,尾端有针孔,用于穿入缝线。手针有长短粗细之分,目前常用的手针有15个型号,即1~15号。针号越小,针身越粗、越长;针号越大,针身越细、越短。通常针号要根据加工工艺的要求和布料的特征而定,大针的缝迹较粗大,小针的缝迹较精细。手针型号与用途汇总见表1-1。

表1-1 手针型号与用途汇总

型号	1	2	3	4	5	6	7	8	9	10	11	12	13	14	15
最粗直径/mm	0.96	0.86	0.86	0.80	0.80	0.71	0.71	0.61	0.56	0.48	0.48	0.45	0.39	0.39	0.33
用途	缝制帆布用品、被褥等		缝制较厚呢料,锁眼,钉扣,装垫肩等		缝制一般毛呢类服装、敷衬布,也可以用于中型布料锁眼、钉扣等		缝制一般薄型面料服装,也可以用于薄型布料锁眼、钉扣等		缝制精细丝绸类服装		刺绣		在薄型布料上刺绣,钉珠片等装饰物		

常用手针工艺工具还有顶针、剪刀、针插等,如图1-22所示。

顶针:金属材质的圆筒形籀,表面有紧密排列的小凹洞或凹槽。缝纫时,将顶针套在中指上,针尾顶在凹洞或凹槽中,使手针不易滑动,这样推动手针向前。顶针有活口和死口之分,活口顶针可根据手指粗细进行缩放。

剪刀:缝纫时常用的剪刀有两类,一类用于裁剪布料,另一类是普通小剪刀或纱剪,手缝时主要用后者,多用于剪线头和拆线头,其应刀口锋利、刀刃咬合好、刀尖整齐不缺损。

针插:用布料做成的插针工具,使针不易丢失,内有头发、棉纱之类的填充物,其中的油质可使针保持光滑、不生锈。

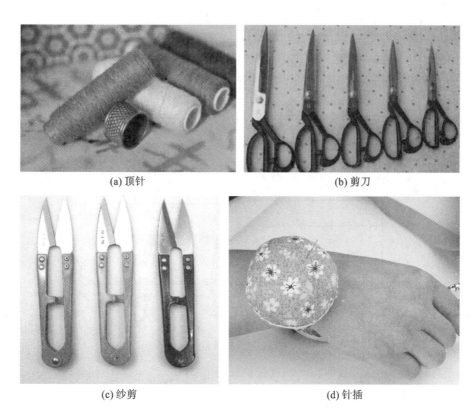

(a) 顶针　　　　　　　　　(b) 剪刀

(c) 纱剪　　　　　　　　　(d) 针插

图 1-22　常用手针工艺工具

（二）针法种类与缝制技法

将已穿线的手针扎进衣料，移位后穿出并带出缝线，即完成一针。如此连续重复运针，即形成手缝线迹。在具体的手缝过程中，应区别不同部位及要求，采用不同的针法，以达到不同的质量要求及外观效果。

常用的手缝针法有缝、拱、缲、缭、环、贯、纳、扳、绷、勾、锁、钉、拉、打等。可按运针方法、方向及技法特点分为三类：缝针类，一上一下向前运针；勾针类，一上一下进退结合运针；环针类，单一方向运针或回绕线圈。

1. 平缝针

平缝针也称为纳针、拱针，是一种一上一下、顺向、等距运针的针法，如图 1-23 所示。该针法线迹均匀、顺直，可抽缩，常用于服装袖山、口袋的圆角等须收缩或抽碎褶之处。

（1）针法。

①右手中指和无名指在布的下面，小拇指在布的上面，将布夹住，大拇指和食指持针，左手与右手相配合，一针上、一针下，等距离从右向左运针。

②连续缝五六针后，用右手中指上的顶针向左推针，然后将针拔出，注意控制好针距。

（2）要求。

线迹均匀、顺直，缝线松紧一致、适度。

图 1-23　平缝针

2. 打线钉

打线钉是用棉线在两层布料上做对应标记的针法。一般采用白棉线，因为棉线软而多绒毛，不易脱落，且不会褪色污染布料。

（1）针法（如图 1-24 所示）。

①将两层布料对齐，平铺在台板上。

②根据布料的厚度和所打线钉部位的不同，有单针和双针两种打线钉方式。单针为每缝一针就移位、进针。双针为连续缝两针再移位、进针。浮在布料表面的缝线距离一般为 4～6 mm，将表面的缝线剪断。

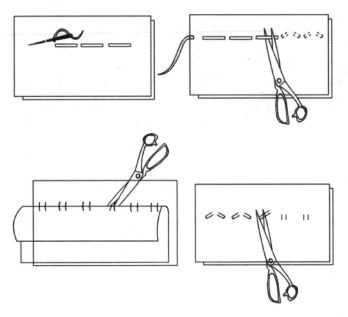

图 1-24　打线钉

③掀起上层布料,轻轻将上、下层布料间的缝线拉长至 0.3~0.4 cm,从中间剪断。

④翻过上层布料,将下层布料表面的缝线剪断,并将各层布料表面的线头修剪为 0.2 cm 左右,用手拍散。

(2) 要求。

①上、下层布料一定要重叠对齐,不要移动,以免引起误差。

②缝线要顺直、位置准确、松紧适度。

③剪线时(特别是剪上、下层布料之间的缝线时),剪刀一定要平,对准线中间剪,以免剪破布料。

④直线处线钉要打得稀疏些,转弯或关键部位要打得密些。

3. 三角针

三角针也称黄瓜架或花绷,是用在服装折边部位的一种针法,在折边处呈"X"形或"V"形线迹,而布料表面仅有细小的点状线迹。

(1) 针法(如图 1-25 所示)。

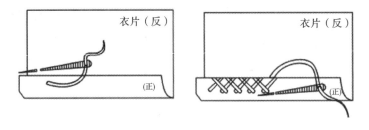

图 1-25　三角针

①将折边部位折转、烫平。自左边起针,从折边里面向外将针穿出。向右侧斜上方移针,在布料上自右而左挑起一两根丝,拔出针并带出缝线。

②向右侧斜下方移针,在折边上自右而左挑起一两根丝,拔出针并带出缝线,与前一针构成等腰三角形。依次循环向右缝制。

(2) 要求。

①线迹呈交叉的三角形,针距均匀、夹角相等、排列整齐美观。

②将折边缝牢固,缝线松紧适度,布料表面平服。

4. 勾针

勾针也称回针,是一种进退结合的针法,有顺勾针和倒勾针两种形式。顺勾针在正面的线迹呈首尾相连状,在反面的线迹呈交错重叠状。倒勾针相反,正面线迹呈交错重叠状,反面呈首尾相连或虚线状。

(1)针法(如图 1-26 所示)。

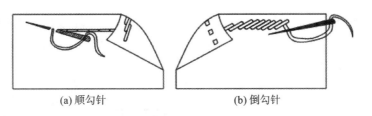

(a) 顺勾针   (b) 倒勾针

图 1-26　勾针

顺勾针:自右向左运针。针、线在布料正面时,先向右退半针将针扎到布料反面,向左以一针的距离将针向正面穿出,再向右退到前半针的位置向下扎针。如此循环,形成正面首尾相连、反面交错重叠的线迹。

倒勾针:自左向右运针。针、线在布料正面时,向右退一针将针扎到布料反面,向左以半针或小于半针的距离将针向正面穿出,再向右运一针。如此循环,形成正面交错重叠、反面首尾相连或虚线状的线迹。

(2)要求。

①缝线松紧适度。

②线迹均匀、顺直。

5. 环针

环针是一种将布料边缘毛丝包锁住,使其不脱散的针法。

(1)针法(如图 1-27 所示)。

自右而左运针。距布料边缘 0.3~0.5 cm 处由下向上出针,拔针后向左移针,再由下向上出针,拔针时使线绕过手针,锁住布料边缘毛丝。

(2)要求。

线迹均匀整齐,缝线松紧适度。

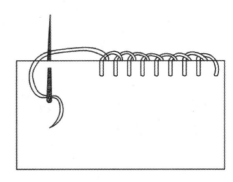

图 1-27　环针

6. 缲针

缲针也称缭针、扦针,是按一个方向进针,把一层布料的折边连接固定的针法,常用于袖口、下摆等部位,也可用于服装表面镶拼装饰片的固定。缲针分为明缲和暗缲两种针法,明缲正面不露线迹,反面有线迹;暗缲两面都不露线迹。

(1)针法(如图 1-28 所示)。

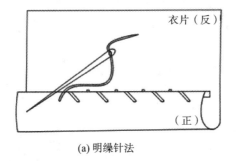

(a) 明缲针法   (b) 暗缲针法

图 1-28　缲针

明缲针法:将折边部位折转、烫平。右手持针,从右向左运针。距折边的边缘 0.3~0.5 cm 处由里向外将针穿出,向左上方移动一定针距后,在与折边边缘上方相对的位置挑起表层布料一两根丝,然后左移至折边里面,将针向外穿出。

暗缲针法:将折边边缘翻起,右手持针,从右向左依次在布料和折边上循环运针,将浮线藏于布料与折边的夹层里,注意两层都只挑起一两根丝。

(2)要求。

针距在 0.3～0.5 cm 之间,均匀一致、整齐,表面不露线迹,缝线松紧适度。

7. 锁针

锁针是一种将缝线绕成线环后串套,把布料毛边包锁住的针法,具有一定的耐磨性和装饰性,多用于扣眼的锁缝。

(1)针法(如图 1-29 所示)。

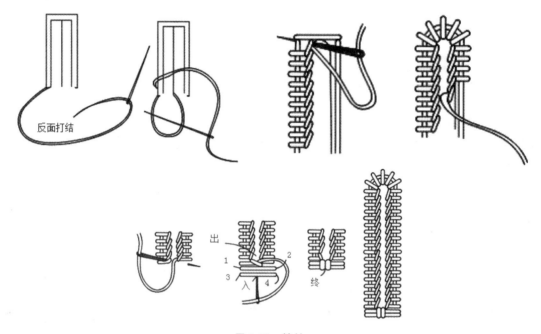

图 1-29 锁针

①按纽扣直径大小在布料上开扣眼,通常扣眼的长度为纽扣的直径加 1～2 倍的纽扣厚度。扣眼有平头和圆头之分,根据使用部位和功能不同还可分为开尾、闭尾、直套结、横套结等种类。现在多用专业锁眼机制作扣眼。

②打衬线。距扣眼 0.2～0.3 cm 处,在扣眼两侧分别缝两条与扣眼平行的线,以使锁好的扣眼美观而牢固。

③锁眼。从扣眼尾部起针,右手持针自下而上紧贴衬线外侧将针缝出,拔针前将缝线由下而上绕过针尖,然后拔针拉线,使线在眼口交结,依次循环锁至扣眼头部。注意线迹要形成圆度,整齐、美观。

④封线套结。锁眼完成后,尾针应与首针对齐,缝两针横封线,再在中间位置缝两针竖封线,将针线插到布料反面打结。

(2)要求。

①线迹整齐、均匀、美观。

②锁缝结实、紧密。

8. 套结

套结是缝在开衩位置起加固作用的针法。

(1)针法(如图 1-30 所示)。

方法一:缝两针衬线,线迹长约 0.6 cm,用锁针的针法锁出一行排列紧密的线结,最后将针线扎入反面打结。

方法二:缝一针衬线,注意不要将针拔出,将线在针尖上缠绕出套结的长度,拔出针,拉出缝线,捋平缠绕线,最后将针线扎入反面打结。

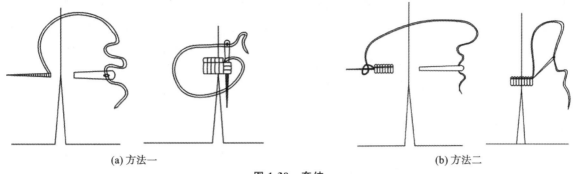

|(a)方法一| |(b)方法二|

图 1-30　套结

（2）要求。

衬线不宜抽得过紧,线结要整齐、紧密、美观。

9. 钉扣

钉扣是将纽扣缝缀在布料上的针法,根据纽扣不同,针法也不同。

（1）有脚扣纽扣的钉法。

将针由下至上穿出布料,把针线穿过纽扣脚孔,再扎入布面,拉紧线。如此重复 6～8 次,最后将针线扎到反面打结。

（2）无脚扣(有孔扣)纽扣的钉法(如图 1-31 所示)。

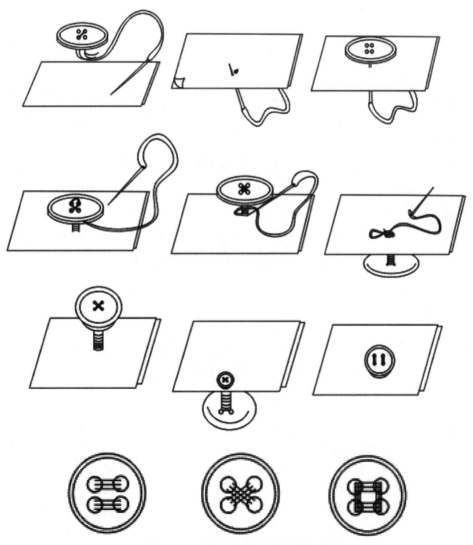

图 1-31　无脚扣(有孔扣)纽扣的钉法

将针由下至上穿出布料,把针线自下而上穿过一个纽孔,再从另一纽孔自上而下穿过,扎入布面。纽扣和布料之间留有空隙(薄型布料留 0.2～0.3 cm,厚型布料留 0.3～0.5 cm)。如此重复三四次,使针线停在布料上,用线在纽扣与布料之间的缝线上自上而下缠绕若干圈,绕满后套结。最后将针线扎到布料反面打结。四孔纽扣可缝成"＝""×""□"等不同形式的线迹。

(3) 按扣及钩袢的钉法。

在每个纽扣或钩袢中以锁针方式钉缝。

10. 拉线袢

拉线袢是一种在布料上将缝线连续环套成小袢的针法,常用于扣袢、腰袢、夹衣活底摆里和面的联结等,多采用与布料顺色的粗丝线或多股缝纫线。

(1) 针法(如图 1-32 所示)。

①在同一位置重叠缝两针,注意第二针的线套不要拉紧,留一定长度。

②右手拉住缝线,左手拇指和食指撑开线套,中指勾住缝线。

③左手放脱线套,拉紧缝线;右手拉住缝线与左手配合,形成线套,依次循环。

④当线袢达到所要求的长度时,松开右手,将缝线带出穿过线套。将线袢尾部固定在要求部位。

(2) 要求。

拉线套时双手要配合好,环环相套的线圈应大小均匀、松紧适度。

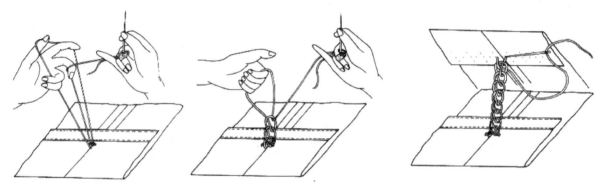

图 1-32　拉线袢

三、学习任务小结

通过本次课的学习,我们认识了手针工艺的各种常用工具,了解了手针型号与布料的匹配关系,掌握了手针工艺的各种针法种类和缝制技法。作为服装设计与制作专业的学生,要扎实掌握并灵活运用手针工艺针法。

四、课后作业

将白胚布裁剪成 2 份,每份尺寸为 45 cm×45 cm,双层叠加,在胚布上把本次课学习的所有针法练习一遍,要求起针、落针正确,针距合理,运针正确,可以用撞色彩线进行练习。

学习任务三　机缝工艺

教学目标

（1）专业能力：了解机缝工艺常用设备及工具，能够熟练地操作设备完成常用机缝缝型的练习与实际应用。

（2）社会能力：能通过辨别常见服装款式，分析出该款服装使用的机缝缝型的种类，并能根据服装平面款式图设计出机缝缝型工艺。

（3）方法能力：自我学习能力，沟通协调能力，总结能力。

学习目标

（1）知识目标：掌握各种机缝缝型的实操步骤，并能熟练操作。

（2）技能目标：能够熟练应用机缝设备完成常用机缝缝型的实操，并达到优秀的品质要求。

（3）素质目标：懂得欣赏、学会分析各类服装款式的机缝工艺应用，并能在实践中总结其制作方法和工艺，学以致用。

教学建议

1. 教师活动

（1）前期准备经典款式成衣，通过现场展示、视频播放或多媒体讲解的方式，引起学生的探索欲望，提高学习兴趣。

（2）引导学生认识机缝工艺常用工具，分析机缝工艺作品，现场或利用多媒体和手机等设备进行代表性作品赏析。

2. 学生活动

（1）认真听讲，分析各种机缝缝型在实际应用中的优缺点，掌握机缝工艺种类、方法与特点，并能熟练操作，积极大胆地表达自己的看法，与教师良好地互动。

（2）课上认真学习，课后自主查找生活中的相关服装成品资源，更深入地掌握机缝工艺知识。

一、学习问题导入

随着社会的进步,人们对服装的需求越来越旺盛,服装工艺也越来越成熟,传统的手针工艺已不能满足生产和生活所需,服装缝纫设备及工具应运而生,今天我们一起来学习机缝工艺,希望同学们认真学习,并能够活学活用。

二、学习任务讲解

(一)常用缝纫设备

缝纫设备主要分为家用缝纫机和工业缝纫机两大类。家用缝纫机种类较单一,适用于家庭缝纫制作。工业缝纫机种类繁多,最常用的是平缝机和包缝机。随着机械技术的发展,按照不同的工艺要求而制成的各种专用缝纫机仍在不断地更新,并在服装生产中广泛使用,例如钉扣机、锁眼机、挑脚机、绱袖机、绱领机、埋夹机、凤眼车、绷缝车等。

1. 家用缝纫机

家用缝纫机分为脚踏缝纫机和电动缝纫机两种。脚踏缝纫机由机架、机头、脚踏板、传动带组成。机头部分包括针杆、线钩、挑线器、梭床、摆梭等成缝器件及压脚、送布牙等缝纫输送器件。当踩动脚踏板时,传动带带动机头转轮、机头的成缝器件、送布装置同时运转,完成缝纫。家用脚踏平缝机如图1-33所示。

2. 工业平缝机

工业平缝机一般由动力系统、操作控制机构、针码密度调节机构、送布机构等组成,如图1-34所示。

图1-33　家用脚踏平缝机

图1-34　工业平缝机

3. 包缝机

包缝机也称拷边机,主要用于包锁布料的裁断边缘,防止纤维脱散,主要有三线、四线、五线等类型,如图1-35所示。

(二)常用机缝工具

常用机缝工具有机针、缝纫线、拆线刀、锥子、镊子等,如图1-36所示。

图1-35　包缝机

图1-36　常用机缝工具

1. 机针

机针是缝纫机专用钢针。机针按针杆粗细不同分为不同号数,号数越小,针越细,号数大则针较粗。由于缝纫机的种类和型号很多,机针的种类和针型也很多。为了区分不同缝纫机的用针,各种机针的表示方法在号数前都有一个型号,以表示该机针所使用的缝纫机种类。例如,"J-70"中的"J"表示家用缝纫机针;"81-80"中的"81"表示包缝机针;"96-90"中的"96"表示工业平缝机针。使用同一种缝纫机缝制不同厚度、不同质地的布料时,要选用适当的机针针号。机针针号与布料的关系见表1-2。

表 1-2 机针针号与布料的关系

针 号	针尖直径/mm	布 料 种 类
9、10	0.67~0.72	薄纱、上等细布、塔夫绸、泡泡纱、网眼织物
11、12	0.77~0.82	缎子、府绸、亚麻布、凹凸锦缎、尼龙布、细布
13、14	0.87~0.92	女式呢、天鹅绒、平纹织物、粗缎、法兰绒、灯芯绒
16、17、18	1.02~1.07	劳动布
19、20、21	1.17~1.32	粗呢、拉绒织物、长毛绒、防水布、涂塑布、粗帆布、帐篷帆布、防水布、毛皮材料、树脂处理织物

2. 缝纫线

缝纫线是用于缝合布料的线,有涤纶线、丝线、棉线等种类,以V形塔线和小管轴线最常见。

3. 拆线刀

拆线刀主要用于拆除有问题的机缝线段。

4. 锥子

锥子是缝纫时的辅助工具,主要用于拆除缝合线,挑领尖、衣角等,或车缝时轻推布料,以防车缝不均匀。锥子锥头要尖,装有木柄或塑料柄。

5. 镊子

镊子又称镊子钳,是缝纫时的辅助工具,可用于包缝机穿线,或车缝时拔取线头和疏松缝线。一般为钢制的,镊口要密合,无错位且弹性好。

(三)机缝线迹

用家用或工业缝纫机进行车缝的原理是通过机器使上线和底线相互交结,进而使两层或多层布料固定在一起。

1. 直线迹

直线迹是用缝纫机车缝的最基本线迹,相邻的直线迹要始终保持平行。为达到这个要求,可以做以下三步训练:第一步,在布料上用画粉画一条直线,沿直线车缝,注意不要偏离这条直线;第二步,将压脚的左外侧边对齐第一条车缝线迹进行车缝;第三步,距离第二条车缝线迹1 cm(熟练后可改为1.5~2 cm)进行车缝,注意要与前两条车缝线迹保持平行。

2. 折线迹

折线迹是在直线迹的基础上车缝的"之"字形线迹,车缝时要注意线迹的宽度、折线的角度、平行度等问题,保证线迹均匀、整齐、美观。

3. 曲线迹

折线迹车缝熟练后,可练习曲线迹的车缝。可先按画粉印车缝,压脚的压力要稍小些,开始时要一针一针慢速车缝,然后逐渐加快缝速,最后脱离画粉印,车缝任意的曲线。

(四)机缝缝型

1. 平缝

平缝也称合缝,是机缝中最基本、使用最广泛的一种缝型,如图1-37所示。

（1）方法。

①将两片布料正面相对，上下对齐。

②距布料边缘 1 cm 进行车缝，开始和结束时打倒针。

（2）要求：线迹顺直，缝份宽窄一致，布料平整。

2. 搭缝

搭缝是将两块布料搭叠车缝的缝型，多用于衬或暗藏部位的拼接，如图 1-38 所示。

（1）方法。

①将两片布料正面向上，缝份处搭在一起。

②沿预留缝份车缝。

（2）要求：线迹顺直，缝份宽窄一致，布料平整。

图 1-37　平缝

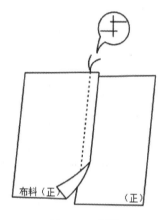

图 1-38　搭缝

3. 坐缉缝

坐缉缝是在平缝的基础上将缝份倒向一侧，并车缝固定缝份的缝型，起固定缝口、增加牢固度和装饰性的作用，常用于裤子的侧缝、后缝等处，如图 1-39 所示。

（1）方法。

①将两片布料正面相对，上下对齐。

②平缝后，将缝份倒向一侧。

③在正面沿翻折边按工艺要求的宽度车缝明线。

（2）要求。

①缝份翻折平服、整齐。

②明线车缝顺直，无皱缩。

4. 压缉缝

压缉缝也称扣压缝，是将上层布料边缘向里折，缉在下层布料上的一种缝型，多用于装贴袋，如图 1-40 所示。

（1）方法。

①将两片布料正面向上放置，按工艺要求将上层布料的边缘折边向反面扣净。

②沿上层布料的边缘按工艺要求车缝单明线或双明线。

（2）要求：线迹整齐、顺直、宽窄一致，缝口处平服、无皱缩。

5. 卷边缝

卷边缝是将布料的边缘两次翻转扣净后车缝的缝型，多用于下摆、裤口、袖口等处，有内卷和外卷两种形式，如图 1-41 所示。

（1）方法。

①将布料的边缘向反面扣折 0.5 cm，再卷折 1 cm。

②距第一条折边的边缘 0.1 cm 车缝明线。

（2）要求：折边平整、宽窄一致，明线线迹顺直，缝口处不扭曲。

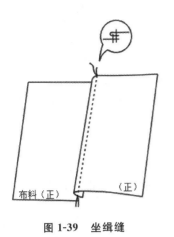

图 1-39　坐缉缝

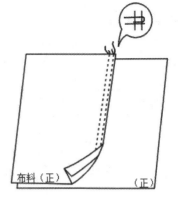

图 1-40　压缉缝

6. 双包缝

双包缝是一种正、反两面均有明线而不露毛边的缝型,分为内包缝和外包缝两种形式,具有结实牢固、结构线明显的特征,多用于不锁边的缝口处,如衬衫的肩缝、摆缝,裤子侧缝、裆缝等处。

（1）外包缝的方法（如图 1-42 所示）。

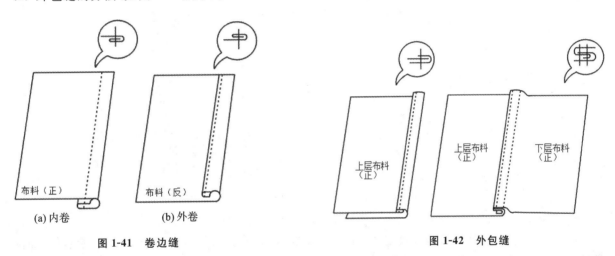

(a) 内卷　　(b) 外卷

图 1-41　卷边缝

图 1-42　外包缝

①将两片布料反面相对,下层布料的一边向上折 0.8 cm,包住上层布料,沿折边进行车缝。

②将下层布料向上翻起,缝份倒向上层布料一侧,在正面沿缝份边缘车缝明线。

（2）内包缝的方法（如图 1-43 所示）。

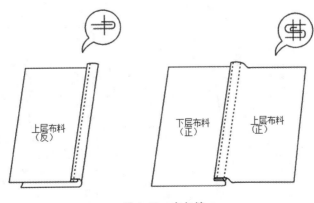

图 1-43　内包缝

①将两片布料正面相对,下层布料的一边向上折 0.8 cm,包住上层布料,沿折边进行车缝。

②将上层布料翻开,使其正面朝上,距缝口约 0.6 cm 处车缝明线以固定缝边。

（3）要求。

①缝份整齐、平服。

②明线线迹顺直,双明线宽窄一致。

7. 来去缝

来去缝也称筒子缝,是一种将布料正缝再反缝的缝型,正面无明线,反面无毛边,多用于女式衬衫、童装的肩缝、摆缝等处。

（1）方法（如图 1-44 所示）。

①将两片布料反面相对,上下对齐,按 0.3 cm 宽的缝份进行车缝。

②将两片布料的反面向外翻出,使其正面相对,在缝口处按 0.6 cm 宽的缝份进行车缝。

（2）要求。

①缝口处整齐、平服,缝份宽窄一致。

②正、反面均无毛边。

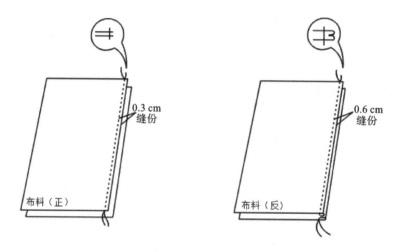

图 1-44 来去缝

8. 包边缝

包边缝是用包边料将缝口包住的缝型,有光边型和散口型两种形式,多用于绱腰头、滚边等,如图 1-45 所示。

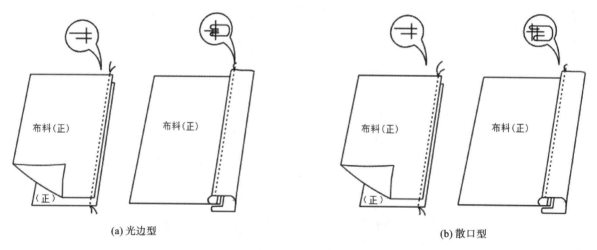

(a) 光边型   (b) 散口型

图 1-45 包边缝

（1）方法。

①将布料和包边料均正面向上放置,包边料放在下面,按 0.5～1 cm 宽的缝份车缝。

②将包边料向上翻转,毛边向里扣净,压过第一条缝线 0.1 cm 或与之对齐,车缝 0.1 cm 明线固定。

（2）要求。

①包边宽度一致、平整、美观。

②线迹顺直，无跳针或皱缩。

③滚边时通常用45°斜丝方向的布料作包边料。

三、学习任务小结

通过本次课的学习，我们认识了机缝工艺的各种常用工具，了解了机针针号与布料的匹配关系，重点学习了机缝工艺的各种缝型。同学们在今后的学习中要扎实掌握机缝缝型及方法，并能灵活运用。

四、课后作业

使用白胚布完成6种机缝缝型的练习。

项目二　领子制作工艺

2

学习任务一 男式衬衫领制作工艺

教学目标

（1）专业能力：了解男式衬衫领的缝制要点，掌握男式衬衫领的缝制流程。

（2）社会能力：能将男式衬衫领与衬衫款式设计相结合，培养爱岗敬业精神及严谨、规范、细致、耐心等优良品质，掌握安全和规范操作的方式、方法。

（3）方法能力：了解缝制、裁剪、熨烫、质量检验的过程及方法，能操作常用服装设备。

学习目标

（1）知识目标：理解男式衬衫领裁片数量和缝制流程。

（2）技能目标：掌握男式衬衫领裁剪、烫衬、缝制方法和技巧。

（3）素质目标：通过小组讨论、资料查找提高自主学习、交流沟通能力。

教学建议

1. 教师活动

（1）通过展示男式衬衫领缝制流程的图片，提高学生对男式衬衫领的直观认知和缝制质量检查的能力。

（2）引导学生挖掘男式衬衫领设计的细节点和典型服装款式。

2. 学生活动

（1）认真听课，观看教师准备的服装工艺多媒体素材，学会欣赏，积极大胆地表达自己的看法，与教师良好地互动。

（2）认真分析男式衬衫领缝制流程及缝制细节，多参与实践练习，丰富实践经验。

一、学习问题导入

在整件成衣制作中，衣领的制作尤为重要。男式衬衫领因为款式设计相对比较简单，所以对每个部分工艺的精致程度有更高的要求。本次课重点讲解男式衬衫领裁剪、烫衬、缝制方法和技巧，希望同学们认真学习、积极思考、大胆实操，掌握其方法和要领。

二、学习任务讲解

1. 款式图和结构图

男式衬衫领款式图和结构图如图 2-1 和图 2-2 所示。

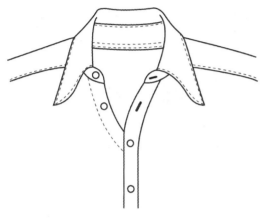

图 2-1 男式衬衫领款式图

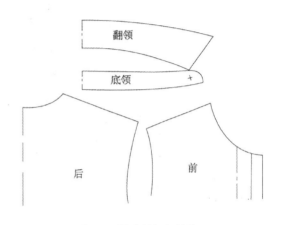

图 2-2 男式衬衫领结构图

2. 烫衬要点

（1）面翻领烫上较硬的黏合衬，黏合衬除超出领底线的净线 0.2 cm 之外，其余三边对齐净线，并做好对位记号。

（2）里底领，面、里翻领都在反面烫上黏合衬，并做好对位记号。

3. 缝制要点

男式衬衫领由于装领时所有缝份要塞入领子里，所以装领止点容易因缝份太厚而显得不平整。应对方法是翻领、底领装领时里外匀 0.2 cm，以减小多层缝份重叠产生的厚度。

4. 缝制流程

（1）缝合翻领。

将领面与领里正面相对，领面在上，对准标记，起止倒针。缝至领角时要稍拉紧领里，将领面超出领里的松量收紧。然后修剪领角缝份至 0.3 cm，将领里缝份修剪掉一半，再把领里缝份折倒烫平。如图 2-3 所示。

（2）假缝固定翻领与底领。

先把面底领的领底线在黏合衬位置折叠烫平，然后把里底领与里翻领对好对位记号后用手针假缝固定，再把面底领放在上面，两层底领正面相对，重新假缝固定，如图 2-4 所示。

（3）车缝固定。

先车缝固定，然后修剪缝份，注意底领圆角处的缝份要修剪成 0.2～0.3 cm，这样领子翻到正面才会圆顺，如图 2-5 所示。

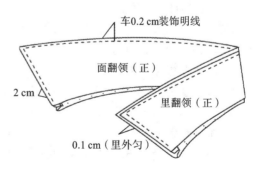

图 2-3 缝合翻领

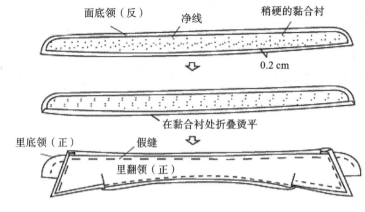

图 2-4　假缝固定翻领与底领

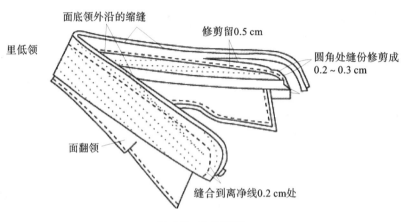

图 2-5　车缝固定

（4）整理领子。

把领子翻到正面，在底领的接领处不用打回针，如图 2-6 所示。

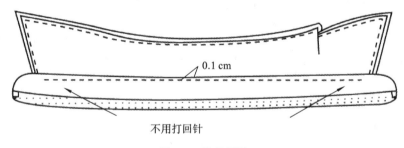

图 2-6　整理领子

（5）缝合里底领与衣片。

先把里底领与衣片对准对位记号后用手针假缝固定，再车缝。接着将缝份裁剪成 0.3～0.4 cm，在圆角处等容易起吊的部位斜向剪口，如图 2-7 所示。

（6）将缝份塞入底领。

用领面盖住缝份，由于面底领和里底领的装领线相差 0.2 cm，其缝份不会在装领止点处凹凸不平，如图 2-8 所示。

（7）固定面底领。

在表面连接车缝剩下的装饰线，并连续车缝面底领，面底领的装饰线会罩住下面的车缝线，如图 2-9 所示。

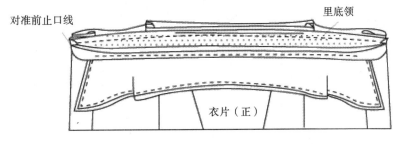

对准前止口线　　　　　　　　　　　　　　里底领

衣片（正）

图 2-7　缝合里底领与衣片

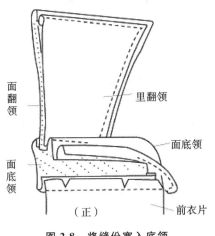

面翻领　　　　　　里翻领

面底领

面底领

（正）　　　　　前衣片

图 2-8　将缝份塞入底领

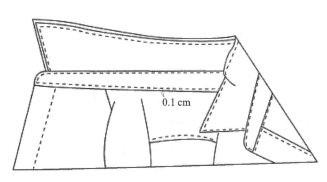

0.1 cm

图 2-9　固定面底领

三、学习任务小结

　　通过本次课对男式衬衫领的结构及缝制方法的学习，同学们了解了缝制之前要做好对位记号，掌握了正确的缝制流程，明确了流程中的难点。课后，大家要结合本次课学习的知识，多进行实操练习，掌握男式衬衫领的缝制技巧，并做好总结、概括，全面提升自己的实操能力。

四、课后作业

（1）独立完成男式衬衫领成品制作。
（2）记录自己在实操过程中遇到的难点及解决方法。

学习任务二　旗袍领制作工艺

教学目标

（1）专业能力：了解旗袍领的缝制要点，掌握旗袍领的缝制流程。

（2）社会能力：能将旗袍领与旗袍款式设计相结合，培养爱岗敬业精神及严谨、规范、细致、耐心等优良品质，掌握安全和规范操作的方式、方法。

（3）方法能力：了解缝制、裁剪、熨烫、质量检验的过程及方法，能操作常用服装设备。

学习目标

（1）知识目标：理解旗袍领裁片数量和缝制流程。

（2）技能目标：掌握旗袍领裁剪、烫衬、缝制方法和技巧。

（3）素质目标：通过小组讨论、资料查找提高自主学习、交流沟通能力。

教学建议

1. 教师活动

（1）通过展示旗袍领缝制流程的图片，提高学生对旗袍领的直观认知和缝制质量检查的能力。

（2）引导学生挖掘旗袍领设计的细节点和典型旗袍领型变化要点。

2. 学生活动

（1）认真听课，观看教师准备的服装工艺多媒体素材，学会欣赏，积极大胆地表达自己的看法，与教师良好地互动。

（2）认真分析旗袍领缝制流程及缝制细节，多参与实践练习，丰富实践经验。

一、学习问题导入

旗袍领紧贴脖子,领子的弧度大,穿上后给人以端庄、稳重的感觉。本次课重点讲解旗袍领的特点和缝制要点,以及缝制流程。同学们要认真听讲,积极实操,将理论与实践紧密结合。

二、学习任务讲解

1. 款式图和结构图

旗袍领款式图和结构图如图 2-10 和图 2-11 所示。

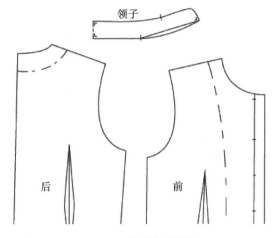

图 2-10　旗袍领款式图　　　　　　　　图 2-11　旗袍领结构图

2. 缝制要点

(1)领里、领面、挂面烫贴薄黏合衬。

(2)在车缝领缝份时,要一边用手将领子整理成完成状,一边车缝。

(3)领里后中线按裁剪图上的净样剪短 0.2 cm(这 0.2 cm 就是领面的松量),然后在领底线重新定出侧颈点(SNP 点)作为对位记号。裁剪时,缝份均为 1 cm。具体如图 2-12 所示。

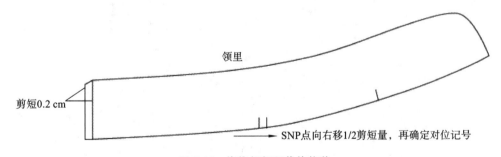

图 2-12　旗袍领领里裁片修剪

3. 缝制流程

(1)缝制领子。

领面的松量加在侧颈点(SNP 点)所对应的位置,车缝时将领面放在下面。修剪领角的圆角处,留 0.2 cm 缝份,翻转到正面,用熨斗熨烫整理成形。具体如图 2-13 所示。

(2)缝合领子与衣片、挂面。

先把领子的前端点与前衣片的装领点对齐,将领面、领里与衣片用手针假缝固定,再车缝,最后缝合前衣片和搭门部分,如图 2-14 所示。

(3)剪口。

先对领围圆角处容易起吊部位斜向剪口,然后用熨斗分缝烫平,如图 2-15 所示。

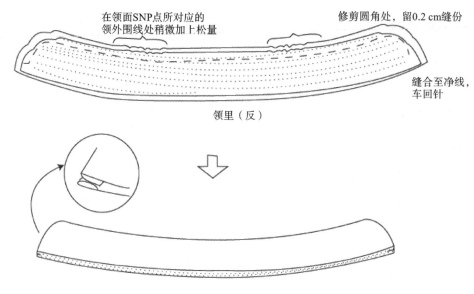

在领面SNP点所对应的
领外围线处稍微加上松量

修剪圆角处，留0.2 cm缝份

缝合至净线，
车回针

领里（反）

图 2-13　缝制领子

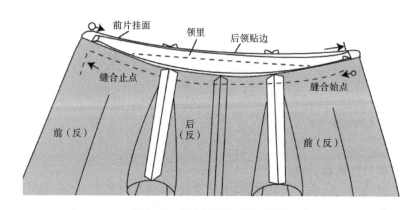

前片挂面　　领里　　后领贴边

缝合止点

缝合始点

前（反）　　后（反）　　前（反）

图 2-14　缝合领子与衣片、挂面

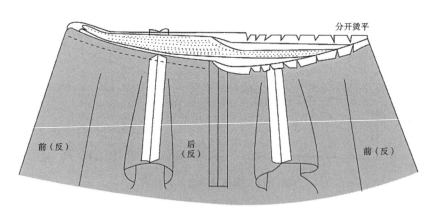

分开烫平

前（反）　　后（反）　　前（反）

图 2-15　剪口

（4）手缝固定缝份。

把领子的缝份塞进领子，将衣片和挂面、后领贴边的缝份用手针固定。注意要一边用手将领子整理成完成状，一边手缝。具体如图 2-16 所示。

（5）整理成形。

从领子到前衣片止口处连续车装饰线，把后领贴边分别与衣片的肩缝、后背中线用手针固定，如图 2-17所示。

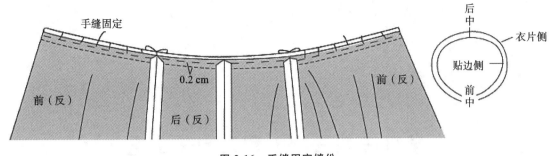

图 2-16　手缝固定缝份

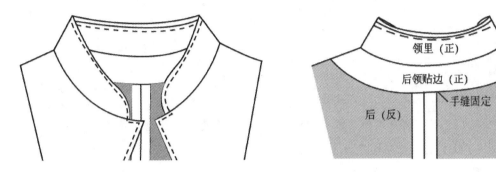

图 2-17　整理成形

三、学习任务小结

通过本次课对旗袍领的结构及缝制方法的学习,同学们了解了缝制之前领里要比领面剪短 0.2 cm,在缝制中要注意通过车缝手势将领面、领里做成自然窝势。通过学习正确的缝制流程,明确了流程中的难点。课后,大家要结合本次课学习的知识,多进行实操练习,并总结缝制中的动作技巧,全面提升自己的实操能力。

四、课后作业

(1)独立完成旗袍领成品制作。
(2)写出旗袍领制作的工艺流程。
(3)通过独立完成旗袍领制作,写出重难点。

学习任务三　小翻领制作工艺

教学目标

（1）专业能力：了解小翻领的缝制要点，掌握小翻领的缝制流程。

（2）社会能力：能将小翻领与服装款式设计相结合，培养爱岗敬业精神及严谨、规范、细致、耐心等优良品质，掌握安全和规范操作的方式、方法。

（3）方法能力：了解缝制、裁剪、熨烫、质量检验的过程及方法，能操作常用服装设备。

学习目标

（1）知识目标：理解小翻领裁片数量和缝制流程。

（2）技能目标：掌握小翻领裁剪、烫衬、缝制方法和技巧。

（3）素质目标：通过小组讨论、资料查找提高自主学习、交流沟通能力。

教学建议

1. 教师活动

（1）通过展示小翻领缝制流程的图片，提高学生对小翻领的直观认知和缝制质量检查的能力。

（2）引导学生挖掘小翻领设计的细节点和典型小翻领领型变化要点。

2. 学生活动

（1）认真听课，观看教师准备的服装工艺多媒体素材，学会欣赏，积极大胆地表达自己的看法，与教师良好地互动。

（2）认真分析小翻领缝制流程及缝制细节，多参与实践练习，丰富实践经验。

一、学习问题导入

小翻领由于领底线弧度较大且变化灵活,故采用加上斜布条滚边处理的方法。本次课,大家先通过多媒体素材了解小翻领的特点和缝制要点,再进行实操训练,逐步领会小翻领裁剪、烫衬、缝制方法和技巧。

二、学习任务讲解

1. 款式图和结构图

小翻领款式图和结构图如图 2-18 和图 2-19 所示。

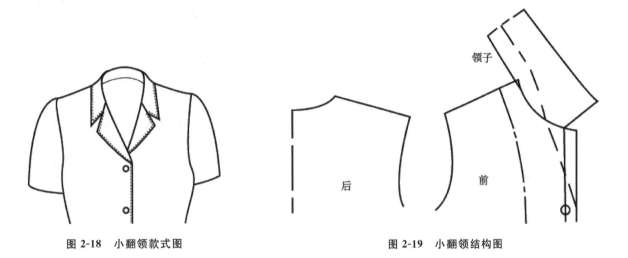

图 2-18　小翻领款式图　　　　　　　　　　图 2-19　小翻领结构图

2. 缝制流程

（1）领面反面烫黏合衬,缝合领面和领里。

在领面的反面烫黏合衬,对准领面和领里的裁剪边缘加以缝合。具体如图 2-20 所示。

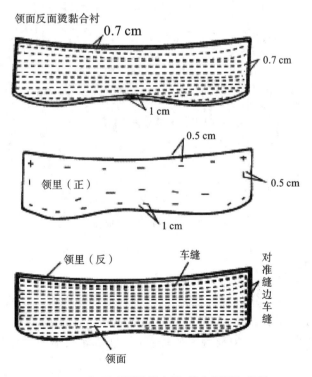

领面反面烫黏合衬

0.7 cm

0.7 cm

1 cm

0.5 cm

领里（正）

0.5 cm

1 cm

领里（反）　　车缝　　对准缝边车缝

领面

图 2-20　领面反面烫黏合衬,缝合领面和领里

（2）将领子假缝固定在衣片上。

注意要使左右领宽度相等，对准装领止点后假缝固定，如图 2-21 所示。

（3）车缝固定衣领与挂面。

翻折挂面并将其重叠在领子上面，在后片领围处放上斜布条，从左前止口线车缝到右前止口线，如图 2-22 所示。

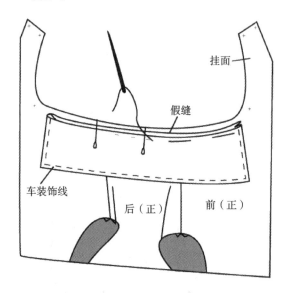
图 2-21　将领子假缝固定在衣片上

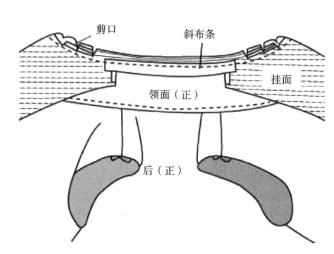
图 2-22　车缝固定衣领与挂面

（4）翻折挂面，整理领围。

为了避免缩紧，对领围的缝份剪口，把挂面往正面翻折，折叠斜布条和挂面的肩线缝份，再手缝或车缝固定，如图 2-23 所示。

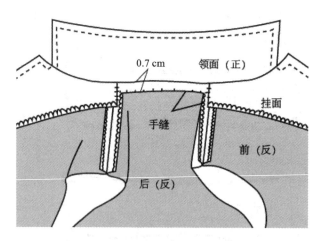
图 2-23　翻折挂面，整理领围

三、学习任务小结

通过本次课对小翻领的结构及缝制方法的学习，同学们了解了缝制之前要对领面反面烫黏合衬，在固定衣领到衣片上时要注意左右对称。通过实训练习，大家了解了正确的缝制流程，明确了流程中的难点。课后，大家要结合本次课学习的知识，多进行实操练习，并总结缝制中的动作技巧，全面提升自己的实操能力。

四、课后作业

（1）独立完成小翻领成品制作。

（2）写出小翻领制作的工艺流程。

（3）通过独立完成小翻领制作，写出重难点。

学习任务四　西装领制作工艺

教学目标

(1) 专业能力：了解西装领的缝制要点，掌握西装领的缝制流程。

(2) 社会能力：能将西装领与西装款式设计相结合，培养爱岗敬业精神及严谨、规范、细致、耐心等优良品质，掌握安全和规范操作的方式、方法。

(3) 方法能力：了解缝制、裁剪、熨烫、质量检验的过程及方法，能操作常用服装设备。

学习目标

(1) 知识目标：理解西装领裁片数量和缝制流程。

(2) 技能目标：掌握西装领裁剪、烫衬、缝制方法和技巧。

(3) 素质目标：通过小组讨论、资料查找提高自主学习、交流沟通能力。

教学建议

1. 教师活动

(1) 通过展示西装领缝制流程的图片，提高学生对西装领的直观认知和缝制质量检查的能力。

(2) 引导学生挖掘西装领设计的细节点和典型西装领型变化要点。

2. 学生活动

(1) 认真听课，观看教师准备的服装工艺多媒体素材，学会欣赏，积极大胆地表达自己的看法，与教师良好地互动。

(2) 认真分析西装领缝制流程及缝制细节，多参与实践练习，丰富实践经验。

一、学习问题导入

西装领紧贴脖子,领子的弧度大,穿上后给人以庄重、优雅的感觉。本次课重点讲解西装领裁剪、烫衬、缝制方法和技巧,以及西装领裁片数量和缝制流程。希望同学们认真听课,积极实操,提升专业技能。

二、学习任务讲解

1. 款式图和结构图

西装领款式图和结构图如图 2-24 和图 2-25 所示。

图 2-24　西装领款式图

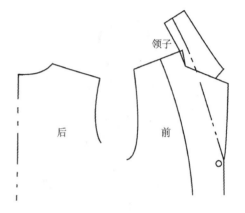

图 2-25　西装领结构图

2. 黏合衬的熨烫方法

由于熨烫黏合衬时挂面会产生热缩率,挂面下端缝份的量要多放出 0.3~0.5 cm(视面料的热缩率而定)。前衣片在烫上黏合衬后,把纸样放在上面,重新画出里驳领及前止口部位的对位记号及净线的记号。因为缝合时前衣片放在上面,所以画出净线后就很容易缝制。挂面在烫上黏合衬后,也要把纸样放在上面,重新画出对位记号。具体如图 2-26 所示。

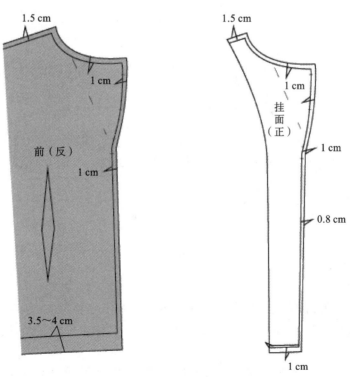

图 2-26　前衣片、挂面烫黏合衬

通常情况下,挂面、领面、领里都要烫上黏合衬(有特殊要求的款式除外),无里子的单层前衣片也要烫上黏合衬,如图 2-27 所示。

3. 烫贴黏合牵条的方法

烫贴黏合牵条的目的是防止前止口线变形,以及驳领领角由于缝份重叠而变得过厚。牵条要剪掉一角不贴。首先把前衣片的前止口线与纸样对准,整理成直线,注意不要拉伸前衣片,再把牵条平放在前衣片上,从正上方用熨斗加压黏合衬。注意不要拉伸烫牵条,否则前端可能会起吊。具体如图 2-28 所示。

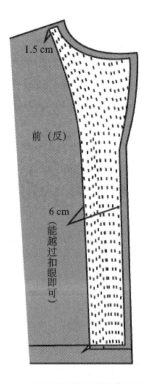

图 2-27　无里子的单层前衣片烫黏合衬

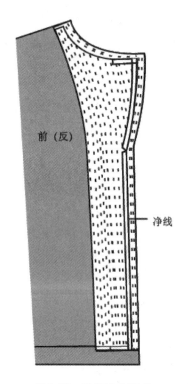

图 2-28　烫贴黏合牵条

4. 缝制流程

(1) 拼接领里。

先把领里的两片反面各自烫上薄黏合衬,然后按净线拼接,分缝烫开,在翻折线上车缝一道线,如图2-29所示。

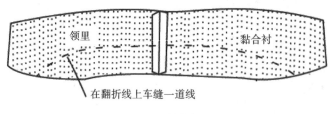

图 2-29　拼接领里

(2) 缝制领子。

缝制领子方法如图 2-30 所示。

(3) 缝合前衣片和挂面。

对准前衣片和挂面的边和所做的对位记号,先假缝驳领翻折止点的段差,尽可能拉向内侧缝合,这种松量就会成为驳领翻折时的松量。车缝时要把前衣片放在上面。具体如图 2-31 所示。

(4) 修剪缝份。

修剪衣片缝份为 0.5 cm,把驳领领角及下摆角部的缝份修剪成 0.3～0.5 cm,如图 2-32 所示。

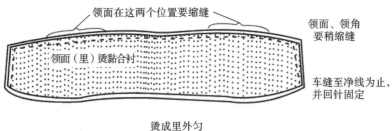

领面在这两个位置要缩缝

领面、领角
要稍缩缝

领面（里）烫黏合衬

车缝至净线为止，
并回针固定

烫成里外匀

领面（正）

0.1 cm

领里（正）

图 2-30 缝制领子

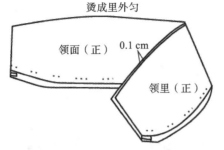

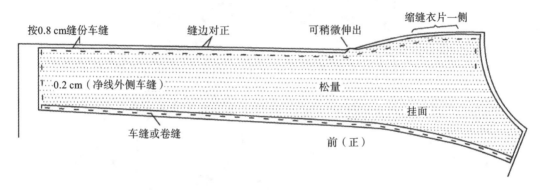

按0.8 cm缝份车缝

缝边对正

可稍微伸出

缩缝衣片一侧

0.2 cm（净线外侧车缝）

松量

挂面

车缝或卷缝

前（正）

图 2-31 缝合前衣片和挂面

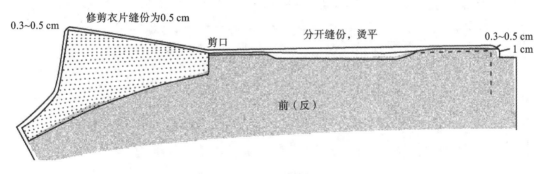

修剪衣片缝份为0.5 cm

0.3~0.5 cm

剪口

分开缝份，烫平

0.3~0.5 cm

1 cm

前（反）

图 2-32 修剪缝份

（5）整烫。

翻转至正面向上，用熨斗整烫成形，如图 2-33 所示。

（6）缝合肩线。

先确认衣片上的领围与纸样是否一致、左右是否对称，若有伸长情况，要用熨斗加以回缩，直至与纸样等长，再缝合肩线，如图 2-34 所示。

（7）装领。

①把领面、领里分别与衣片、挂面缝合，注意角部的处理方法，如图 2-35 所示。

②把挂面与衣片的缝份修剪为 0.5 cm，在圆角处斜向剪口，如图 2-36 所示。

③手缝固定在挂面处的领面、领里部位，要考虑翻折后领子的松量，如图 2-37 所示。

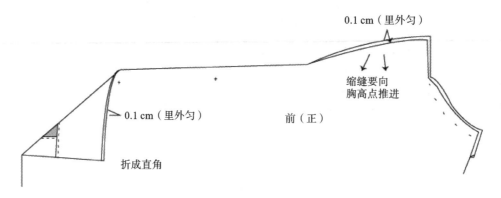

0.1 cm（里外匀）

缩缝要向
胸高点推进

0.1 cm（里外匀）　　　　前（正）

折成直角

图 2-33　整烫

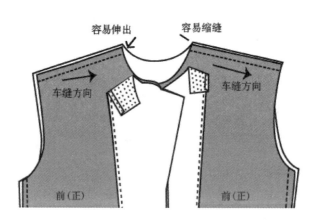

容易伸出　　容易缩缝

车缝方向　　　　　车缝方向

前（正）　　　　　　前（正）

图 2-34　缝合肩线

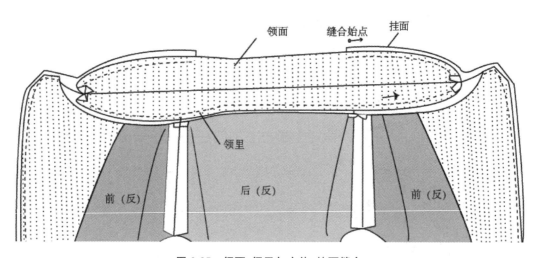

领面　　缝合始点　　挂面

领里

前（反）　　　后（反）　　　前（反）

图 2-35　领面、领里与衣片、挂面缝合

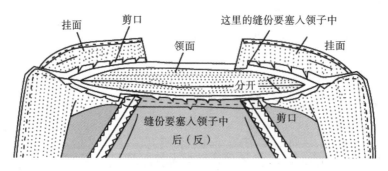

挂面　　剪口　　这里的缝份要塞入领子中

领面　　　　挂面

分开

缝份要塞入领子中　　　剪口

后（反）

图 2-36　修剪缝份、剪口

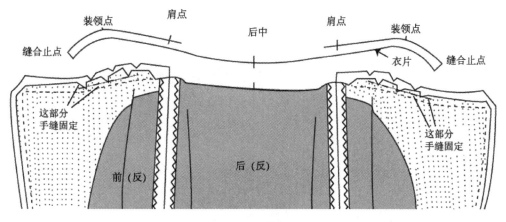

图 2-37　手缝固定

（8）整理成形。

翻转到正面后，检查领子的形状，如一边有缩缝现象，则要重新装领。

最后在领子的外围车一道装饰明线，如图 2-38 所示。

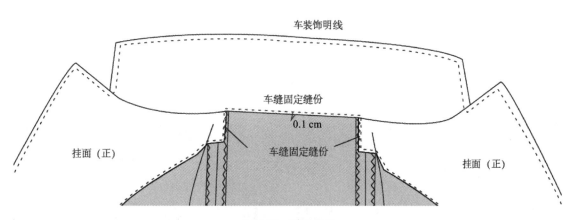

图 2-38　整理成形

三、学习任务小结

通过本次课对西装领的结构及缝制方法的学习，同学们了解了缝制前烫黏合衬以及烫贴黏合牵条的方法。通过学习正确的西装领缝制流程，明确了流程中的难点。课后，大家要结合本次课学习的知识，多进行实操练习，并总结缝制中的动作技巧，全面提升自己的实操能力。

四、课后作业

（1）独立完成西装领成品制作。

（2）写出西装领制作的工艺流程。

（3）通过独立完成西装领制作，写出重难点。

项目三　袖衩袖口制作工艺

学习任务一 无袖袖口贴边工艺

教学目标

（1）专业能力：掌握无袖袖口贴边工艺，了解贴边工艺在服装其他部位的作用。

（2）社会能力：能收集、归纳和整理不同的贴边工艺。

（3）方法能力：工艺分析能力，工艺归纳、总结能力。

学习目标

（1）知识目标：掌握无袖袖口贴边工艺的步骤。

（2）技能目标：能按要求准备材料、制作无袖袖口贴边。

（3）素质目标：能根据学习要求与安排进行材料准备和课堂实训。

教学建议

1. 教师活动

（1）通过展示有袖口贴边工艺的服装，告知学生贴边工艺运用的部位与意义。同时，运用多媒体课件、教学图片、视频案例等多种教学手段，讲解袖口贴边工艺流程。

（2）通过袖口贴边工艺示范，引导学生制作袖口贴边，并对贴边工艺相关知识点进行分析、总结，加深学生对袖口贴边相关知识的理解与认知。

2. 学生活动

（1）分析教师展示的有袖口贴边工艺的服装，理解袖口贴边工艺的步骤。通过观看袖口贴边制作过程，进一步理解袖口贴边的作用。

（2）根据教师展示的相关资料，分组按要求进行袖口贴边制作实训。

一、学习问题导入

各位同学,大家好!夏天我们经常会穿无袖的单层(无里布)服装,没有里布的袖口制作常选用什么样的工艺呢?我们先来观察图3-1,图中第一款与第三款都选用了袖口贴边工艺。本次课我们一起来了解第一款袖口贴边工艺。

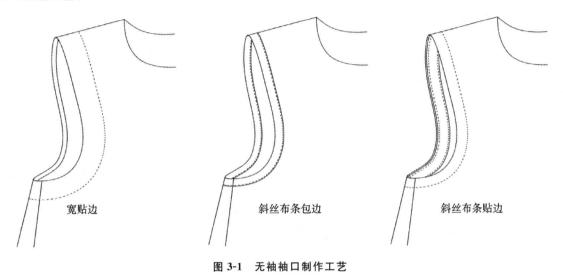

图 3-1　无袖袖口制作工艺

二、学习任务讲解

(1)贴边粘衬、缝合肩缝,如图3-2所示。

①将贴边粘衬。

②将前后贴边正面相对,缝合肩缝。

(2)处理前后衣片,如图3-3所示。

①将前后衣片肩缝、侧缝分别锁边(也可使用包边条包边)。

②缝合前后衣片的肩缝。

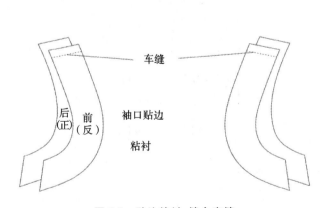

图 3-2　贴边粘衬、缝合肩缝

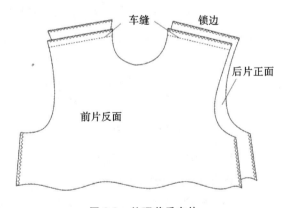

图 3-3　处理前后衣片

(3)分烫肩缝,如图3-4所示。

(4)将贴边外缘锁边。

(5)缝合袖口,如图3-5所示。

①将衣片与贴边正面相对,缝合袖口。

②在缝份弯位剪口。

(6)熨烫袖口,如图3-6所示。

将贴边向内收0.1 cm,熨烫袖口,防止出现里外拥。

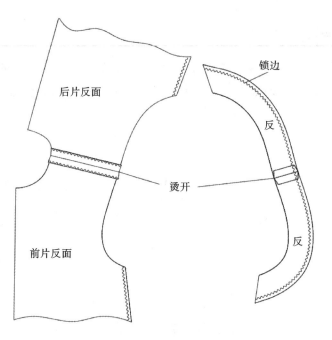

图 3-4　分烫肩缝

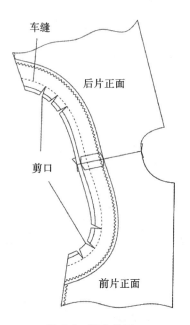

图 3-5　缝合袖口

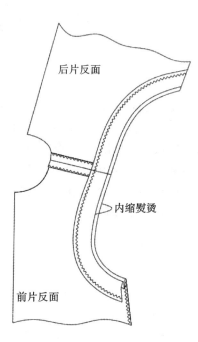

图 3-6　熨烫袖口

（7）缝合侧缝，如图 3-7 所示。

（8）烫开侧缝，如图 3-8 所示。

（9）固定贴边。

方法一：手针固定贴边在衣身缝份上，正面不可露出线迹，如图 3-9 所示。

方法二：车缝贴边外缘一圈，使贴边固定在衣身上，如图 3-10 所示。

三、学习任务小结

通过本次课的学习，同学们已经了解了无袖袖口贴边工艺，并制作了无袖袖口贴边工艺作品。接下来，请大家检查并记录作品中有工艺问题的地方，然后由组长组织小组进行讨论互评，填写互评表（见表 3-1），总结本组作品的主要工艺问题，并写出解决方案。

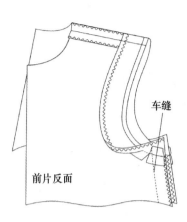

图 3-7 缝合侧缝

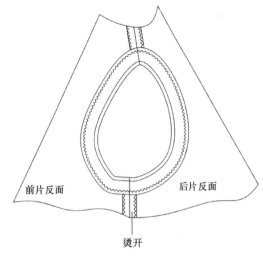

图 3-8 烫开侧缝

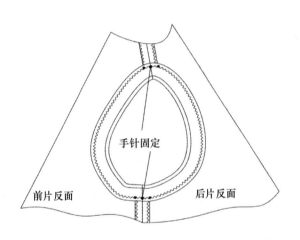

图 3-9 固定贴边方法一

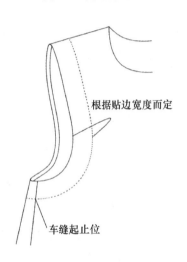

图 3-10 固定贴边方法二

表 3-1 无袖袖口贴边工艺作品互评表

评 分 项	组 员 姓 名						问 题 个 数
	1	2	3	4	5	6	
裁片数量、大小、正反无误							
贴边按要求烫衬,裁片按要求锁边							
针距合理、底面线松紧合理、无跳线							
弯位剪口合理,贴边内收、无外翻							
外观平顺、无歪扭							
其他问题							
个人得分							平均分:
满分5分,每项1分							

四、课后作业

观察图 3-11 中的多种贴边工艺，说出其工艺细节与使用意义。

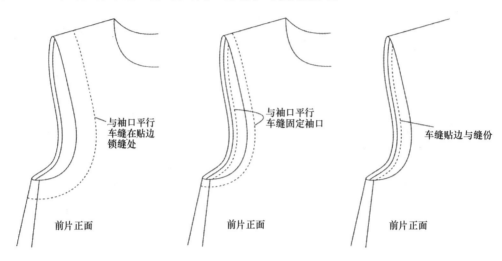

与袖口平行
车缝在贴边
锁缝处

前片正面

与袖口平行
车缝固定袖口

前片正面

车缝贴边与缝份

前片正面

图 3-11 多种贴边工艺

学习任务二　女式衬衫滚边袖衩袖口制作工艺

教学目标

(1) 专业能力:掌握女式衬衫滚边袖衩袖口制作工艺。

(2) 社会能力:能收集、归纳和整理不同的袖衩袖口制作工艺。

(3) 方法能力:工艺分析能力,工艺归纳、总结能力。

学习目标

(1) 知识目标:掌握女式衬衫滚边袖衩袖口制作工艺流程。

(2) 技能目标:能按要求制作滚边袖衩及绱袖口布。

(3) 素质目标:培养良好的识图能力及工艺分析能力,能够看懂工艺图。

教学建议

1. 教师活动

(1) 通过展示女式衬衫袖口部位图片,告知学生女式衬衫滚边袖衩袖口制作工艺运用的部位与意义。同时,运用多媒体课件、教学图片、视频案例或实物投影等多种教学手段,讲解女式衬衫滚边袖衩袖口制作工艺流程。

(2) 巡回指导学生制作女式衬衫滚边袖衩袖口,对重点工艺进行分析、讲解与示范,强化学生对女式衬衫滚边袖衩袖口制作工艺的理解。

2. 学生活动

(1) 根据教师展示的女式衬衫袖口部位图片,理解女式衬衫滚边袖衩袖口制作工艺。通过观看女式衬衫袖口部位制作过程,进一步学习制作工艺。

(2) 根据教师展示的相关资料和现场示范,按要求进行女式衬衫滚边袖衩袖口制作。

一、学习问题导入

各位同学,大家好! 衬衫是常见的服装款式,大家有没有注意过女式衬衫袖口制作常选用什么样的工艺呢? 我们先来仔细观察图 3-12,大家分析一下这张图中女式衬衫袖口的特征。接下来,我们一起来学习女式衬衫滚边袖衩袖口制作工艺。

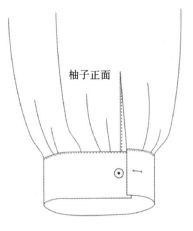

图 3-12　女式衬衫袖口

二、学习任务讲解

(1) 准备裁片。

①确定开衩位,如图 3-13 所示。

②将袖口布、袖衩条粘衬,如图 3-14 所示。

(2) 扣烫袖衩条,如图 3-15 所示。

(3) 明确车缝线位,如图 3-16 所示。

(4) 剪开衩位,如图 3-17 所示。

(5) 车缝袖衩条。

①将切口拉成直线,将袖衩条与袖片正面朝上,用珠针固定,距离袖衩条边缘 0.5 cm 车缝净样线,如图 3-18 所示。

②将袖衩条翻正扣烫,将车缝线盖住,如图 3-19 所示。

③从袖片正面车缝袖衩条,如图 3-20 所示。

图 3-13　确定开衩位

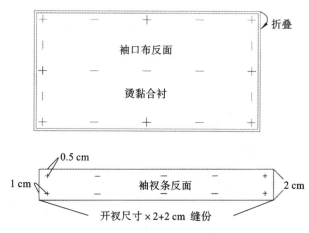

图 3-14　将袖口布、袖衩条粘衬

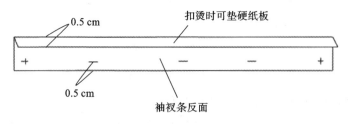

图 3-15　扣烫袖衩条

(6) 车缝袖衩条内。

①将袖衩条两端正面相对,如图 3-21 所示。

②45 度角车缝袖衩条折叠位,来回车 3~4 道线封口,如图 3-22 所示。

(7) 做袖口布。

①扣烫袖口布,如图 3-23 所示。

②向后对折袖口布,用珠针固定两端,如图 3-24 所示。

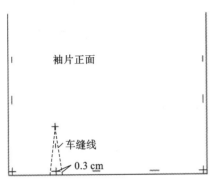

图 3-16　明确车缝线位

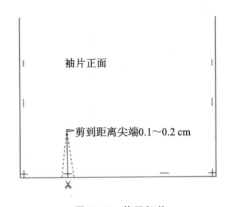

图 3-17　剪开衩位

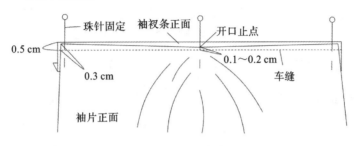

图 3-18　车缝袖衩条步骤一

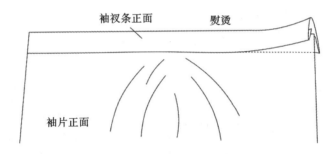

图 3-19　车缝袖衩条步骤二

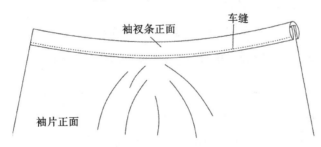

图 3-20　车缝袖衩条步骤三

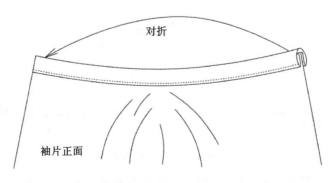

图 3-21　车缝袖衩条内步骤一

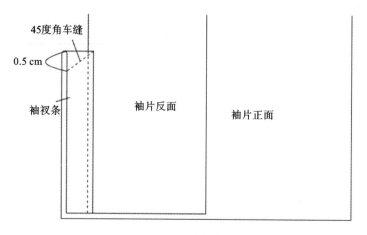

图 3-22　车缝袖衩条内步骤二

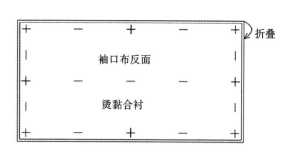
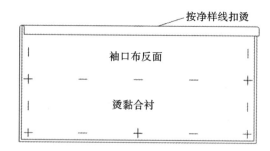

图 3-23　扣烫袖口布

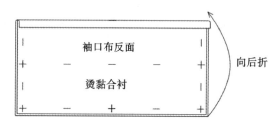
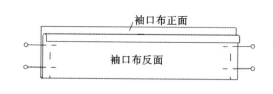

图 3-24　固定袖口布两端

③车缝袖口布两端,剪掉三角并烫开缝份,以增加美观度,如图 3-25 所示。

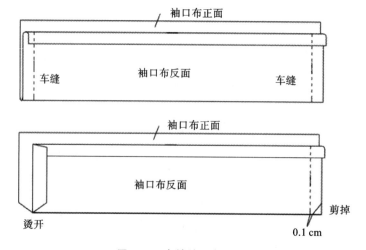

图 3-25　车缝袖口布两端

④将袖口布翻正、熨烫,检查两端,确认无掩皮。扣烫内侧袖口布缝份,比袖口布正面略高 0.1 cm。具体如图 3-26 所示。

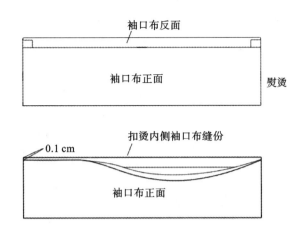

图 3-26 扣烫内侧袖口布缝份

（8）处理袖口。

①合袖缝。

方法一：来去缝，缝份倒向后侧。

方法二：锁边后，分开缝。

②将袖衩条倒向前折叠后，平缝机上线调松便于抽线，大针距缩缝袖口。两条线缩缝缝份，分别距离净样线 0.2 cm、0.7 cm。具体如图 3-27 所示。

53

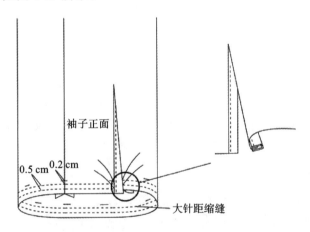

图 3-27 大针距缩缝袖口

③将袖口缩至与袖口布长度一致，如图 3-28 所示。

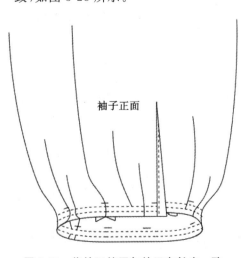

图 3-28 将袖口缩至与袖口布长度一致

（9）绱袖口布,如图 3-29 所示。

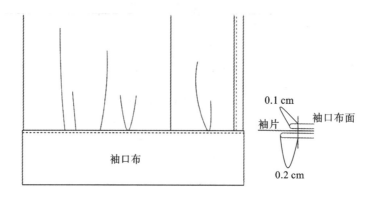

0.1 cm
袖片　袖口布面
0.2 cm
袖口布

图 3-29　绱袖口布

（10）车缝袖口装饰线,如图 3-30 所示。

（11）锁眼、钉扣。

在袖衩条内折的袖口边锁眼,袖衩条露出的袖口边钉扣,如图 3-31 所示。

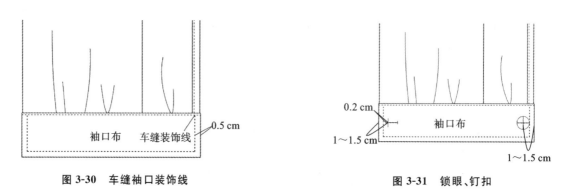

袖口布　车缝装饰线
0.5 cm

图 3-30　车缝袖口装饰线

0.2 cm
袖口布
1~1.5 cm
1~1.5 cm

图 3-31　锁眼、钉扣

三、学习任务小结

通过本次课的学习,同学们已经了解了女式衬衫滚边袖衩袖口制作工艺,并制作了作品。接下来,请大家检查并记录自己作品中有工艺问题的地方,然后由组长组织小组进行讨论互评,填写互评表(见表 3-2),总结本组作品的主要工艺问题,并写出解决方案。

表 3-2　女式衬衫滚边袖衩袖口制作工艺互评表

评 分 项	组 员 姓 名						问 题 个 数
	1	2	3	4	5	6	
裁片数量、大小、正反无误							
袖衩条与袖口布按要求烫衬,各部位熨烫平服、整洁、未烫黄、无水渍及高光							
针距合理(每 3 cm 不少于12针)、底面线松紧合理、无跳线							
衩位制作精细、倒向正确							

评　分　项	组 员 姓 名						问题个数
	1	2	3	4	5	6	
线迹顺直、无歪扭、无漏缝							
其他问题							
个人得分							平均分：
满分5分,每项1分							

四、课后作业

观察多种滚边袖衩袖口制作工艺,说出其工艺细节与使用意义。

学习任务三　男式衬衫宝剑头袖衩袖口制作工艺

教学目标

(1) 专业能力：掌握男式衬衫宝剑头袖衩袖口制作工艺。

(2) 社会能力：能收集、归纳和整理不同的袖衩袖口制作工艺。

(3) 方法能力：工艺分析能力，工艺归纳、总结能力。

学习目标

(1) 知识目标：掌握男式衬衫宝剑头袖衩袖口制作工艺流程。

(2) 技能目标：能按要求制作宝剑头袖衩及袖克夫。

(3) 素质目标：培养良好的识图能力及工艺分析能力，能够看懂工艺图。

教学建议

1. 教师活动

(1) 通过展示男式衬衫袖口部位图片，分析宝剑头袖衩袖口制作工艺。同时，运用多媒体课件、教学图片、视频案例或实物投影等多种教学手段，展示男式衬衫宝剑头袖衩袖口制作工艺流程。

(2) 巡回指导学生制作男式衬衫宝剑头袖衩袖口，指导学生进行小组活动以及对重点工艺进行分析、总结与发言汇报，教师进行点评、总结，加深学生对男式衬衫宝剑头袖衩袖口制作工艺的理解。

2. 学生活动

(1) 根据教师展示的男式衬衫袖口部位图片，理解男式衬衫宝剑头袖衩袖口制作工艺。通过观看男式衬衫袖口部位制作过程，进一步学习制作工艺。

(2) 根据教师展示的相关资料或教材等，按要求进行男式衬衫宝剑头袖衩袖口制作。独立思考后，小组讨论易错点，根据评分标准评分。

一、学习问题导入

各位同学,大家好! 衬衫是常见的服装款式,大家有没有注意过男式衬衫袖口制作常选用什么样的工艺呢? 我们先来观察图 3-32,请同学们分析图中的三款袖口有什么相同之处与不同之处?

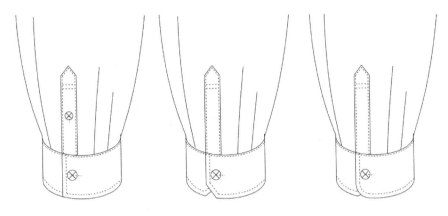

图 3-32 男式衬衫袖口

相同之处:一片袖,袖口开衩(宝剑头)收两个裥,袖口一颗扣。
不同之处:从左至右依次为直角袖克夫、斜角袖克夫、圆角袖克夫,第一款在袖衩处增加一颗扣。

二、学习任务讲解

(1) 准备裁片。
①确定开衩位,如图 3-33 所示。
②将袖衩条粘衬,如图 3-34 所示。

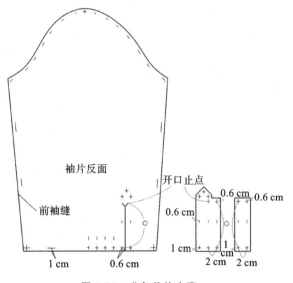

图 3-33 准备裁片步骤一

图 3-34 准备裁片步骤二

③将袖克夫里两端修剪掉 0.2～0.3 cm,将袖克夫面粘衬,如图 3-35 所示。
(2) 扣烫袖衩条,如图 3-36 所示。
(3) 明确车缝线位。
(4) 剪开衩位。
(5) 处理袖衩条。
①用小袖衩条夹住袖片较小一侧,骑缝小袖衩条,如图 3-37 所示。

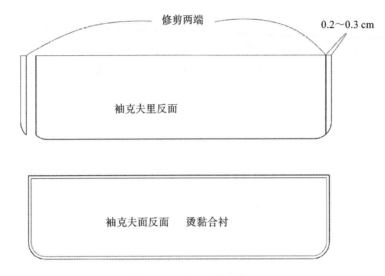

图 3-35　准备裁片步骤三

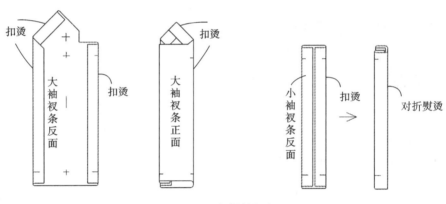

图 3-36　扣烫袖衩条

②将小袖衩条一侧的袖片向反面折,将小袖衩条的上端与三角缝合在一起,如图 3-38 所示。缝合后将三角倒向袖片正面。

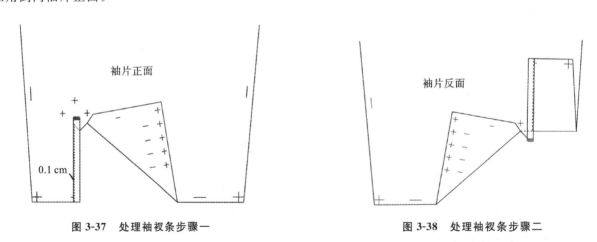

图 3-37　处理袖衩条步骤一　　　　　　　　图 3-38　处理袖衩条步骤二

③用大袖衩条夹住袖片较大一侧,将缝份对齐,由袖口处骑缝大袖衩条,如图 3-39 所示。

袖衩条反面效果如图 3-40 所示。

(6)做袖克夫。

①将已粘衬的袖克夫面反面朝上,按净样线扣烫(可借助净样板在袖克夫面反面画净样线),如图 3-41 所示。

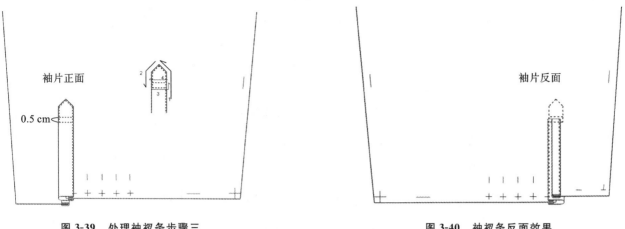

图 3-39　处理袖衩条步骤三 图 3-40　袖衩条反面效果

②将袖克夫面、里正面相对,面在上,沿净样线车缝,如图 3-42 所示。注意车缝时袖克夫里要稍带紧,以便做出里外匀。

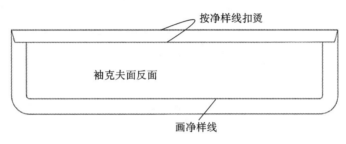

按净样线扣烫

袖克夫面反面

画净样线

图 3-41　做袖克夫步骤一

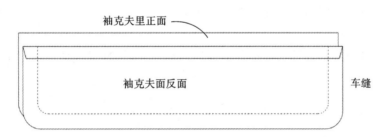

袖克夫里正面

袖克夫面反面

车缝

图 3-42　做袖克夫步骤二

③修剪袖克夫圆角,留 0.2～0.3 cm 缝份,如图 3-43 所示。

袖克夫里正面

袖克夫面反面

0.2～0.3 cm

图 3-43　做袖克夫步骤三

④将袖克夫面翻至正面,用圆角净样板翻正并烫平,如图 3-44 所示。

⑤将袖克夫里正面朝上,熨烫时内缩 0.1 cm,可用净样板辅助熨烫,如图 3-45 所示。

⑥将袖克夫里缝份扣烫 0.8 cm,塞进袖克夫面、里之间,袖克夫里比袖克夫面偏出 0.1 cm,以方便车缝袖口,如图 3-46 所示。

图 3-44 做袖克夫步骤四

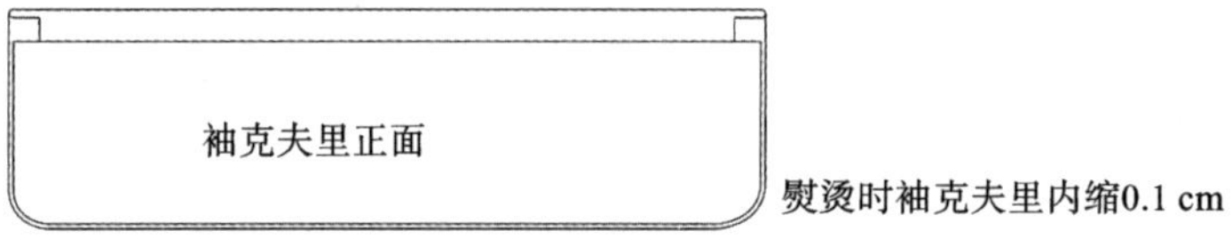

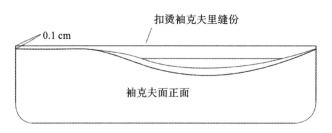

图 3-45 做袖克夫步骤五

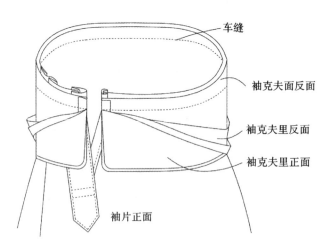

图 3-46 做袖克夫步骤六

（7）装袖克夫。

方法一：将袖口按裁剪尺寸收裥，倒向袖衩，左右袖对称，用袖克夫夹住袖口，沿止口车 0.1 cm 明线，袖克夫其他边车 0.6 cm 左右的明线，保证袖克夫止口不反吐。

方法二如下。

①将袖口按裁剪尺寸收裥，倒向袖衩，左右袖对称，将袖克夫里缝份与袖口缝份正面相对，按净样车缝一圈，如图 3-47 所示。

图 3-47 装袖克夫方法二步骤一

②将缝份倒向袖克夫内侧，两端包紧，将袖克夫面对齐车缝线，在正面车缝 0.1 cm 明线，袖克夫其他边车 0.6 cm 左右的明线，保证袖克夫止口不反吐，如图 3-48 所示。

（8）锁眼、钉扣。

锁眼、钉扣，检查左右两边是否对称，如图 3-49 所示。

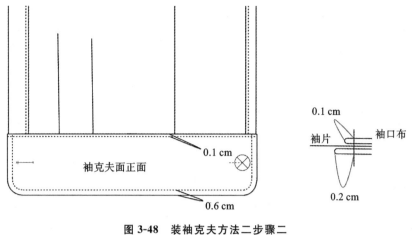

图 3-48 装袖克夫方法二步骤二

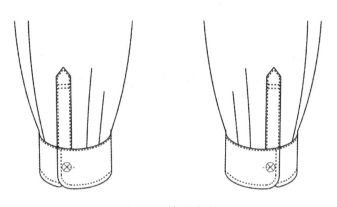

图 3-49 锁眼、钉扣

三、学习任务小结

通过本次课的学习,同学们已经了解了男式衬衫宝剑头袖衩袖口制作工艺,并制作了作品。接下来,请大家独立思考:影响缝制速度和质量的难点有哪些? 如何解决? 并检查、记录自己作品中有工艺问题的地方,然后由组长组织小组进行讨论互评,填写互评表(见表 3-3),总结本组作品的主要工艺问题,并写出解决方案。

表 3-3 男式衬衫宝剑头袖衩袖口制作工艺互评表

评 分 项	组员姓名						问题个数
	1	2	3	4	5	6	
裁片数量、大小、正反无误							
袖衩条与袖口布按要求烫衬,各部位熨烫平服、整洁、未烫黄、无水渍及高光							
针距合理(每 3 cm 不少于 12 针)、底面线松紧合理、无跳线							

评 分 项	组员姓名						问题个数
	1	2	3	4	5	6	
衩位制作精细、倒向正确,两袖对称							
线迹顺直、无歪扭、无漏缝							
其他问题							
个人得分							平均分:

满分 5 分,每项 1 分

四、课后作业

(1) 收集多种宝剑头袖衩袖口制作工艺图片,体会其工艺细节与使用意义。

(2) 更正本次课所制作作品中的工艺问题,列出工艺流程。

学习任务四　西装袖口制作工艺

教学目标

(1) 专业能力:掌握西装袖口的制作工艺。

(2) 社会能力:能收集、归纳和整理不同的袖口制作工艺。

(3) 方法能力:工艺分析能力,工艺归纳、总结能力。

学习目标

(1) 知识目标:掌握西装袖口制作工艺流程。

(2) 技能目标:能按要求制作西装袖口。

(3) 素质目标:培养良好的识图能力及工艺分析能力,能够看懂工艺图。

教学建议

1. 教师活动

(1) 通过展示西装袖口部位图片,分析西装袖口制作工艺。同时,运用多媒体课件、教学图片、视频案例或实物投影等多种教学手段,展示西装袖口制作工艺流程。

(2) 巡回指导学生制作西装袖口,指导学生进行小组活动以及对重点工艺进行分析、总结与发言汇报,教师进行点评、总结,加深学生对西装袖口制作工艺的理解。

2. 学生活动

(1) 根据教师展示的西装袖口图片,理解西装袖口制作工艺。通过观看西装袖口部位制作过程,进一步学习制作工艺。

(2) 根据教师展示的相关资料或教材等,按要求进行西装袖口制作。独立思考后,小组讨论易错点,根据评分标准评分。

一、学习问题导入

各位同学,大家好!西装是常见的服装款式,大家有没有注意过西服袖口制作常选用什么样的工艺呢?我们先来观察图 3-50,请同学们分析图中的三款袖口有什么相同之处与不同之处?

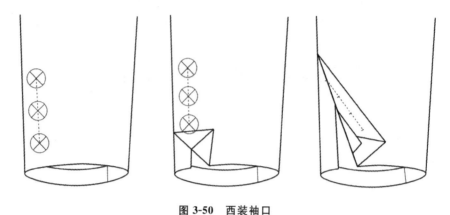

图 3-50　西装袖口

相同之处:两片袖,袖口钉扣,有里布。

不同之处:开衩程度不同,从左至右依次为假袖衩、半袖衩、活袖衩。

二、学习任务讲解

(1)准备裁片。

①按照纸样裁剪袖片面布,如图 3-51 所示。

②以面布的纸样为基础裁剪袖片里布,如图 3-52 所示。

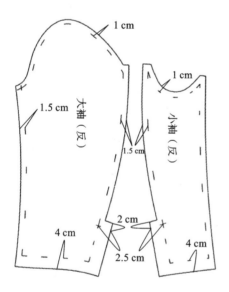

图 3-51　裁剪袖片面布

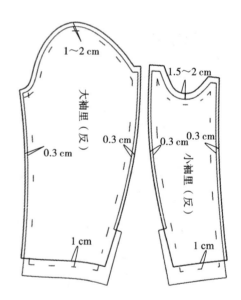

图 3-52　裁剪袖片里布

(2)将袖口粘衬。

用熨斗将黏合衬烫在袖片面布反面的袖口缝份上,如图 3-53 所示。

(3)制作装饰性开口。

①将大小袖面布正面相对,对齐后袖缝,按净样线车缝,如图 3-54 所示。

②在小袖衩位起点和止点剪口,并剪下衩位止点以下小袖袖口部分多余的布料,如图 3-55 所示。

③烫开后袖缝,将衩位倒向大袖,如图 3-56 所示。

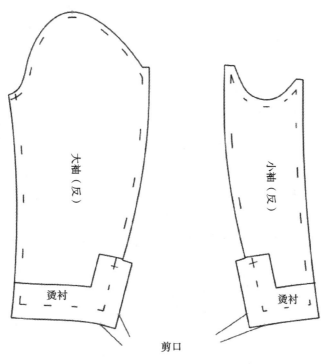

图 3-53　将袖口粘衬

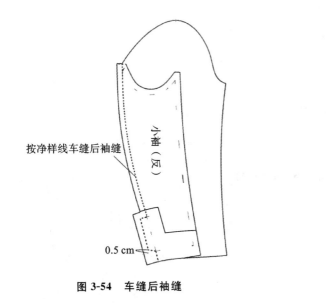

图 3-54　车缝后袖缝

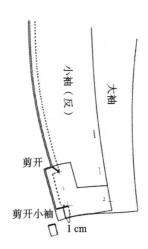

图 3-55　剪开小袖

④按净样线扣烫袖口,如图 3-57 所示。

(4)制作袖里,如图 3-58 所示。

①将大小袖里布正面相对,距离净样线 0.3 cm 车缝后袖缝。

②按净样线向大袖扣烫。

(5)缝合面布与里布,如图 3-59 所示。

①将面布与里布正面相对,袖口对齐,距离边缘 1 cm 车缝,两端起止位车缝至袖缝净样线处。

②将缝份倒向袖里。

(6)缝合前袖缝。

①对折,将前袖缝对齐,如图 3-60 所示。

②按净样线车缝前袖缝面布,距离净样线 0.3 cm 车缝前袖缝里布,如图 3-61 所示。

(7)整理前袖缝,如图 3-62 所示。

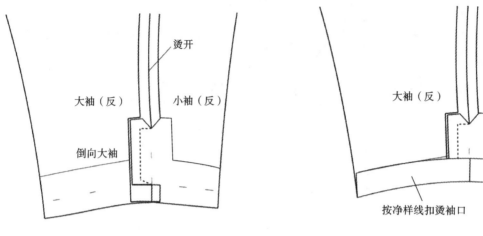

图 3-56 烫开后袖缝

图 3-57 扣烫袖口

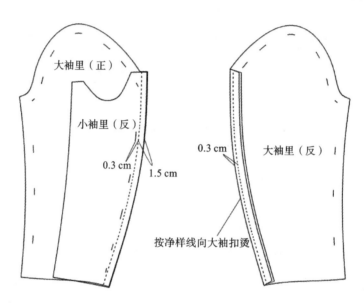

图 3-58 制作袖里

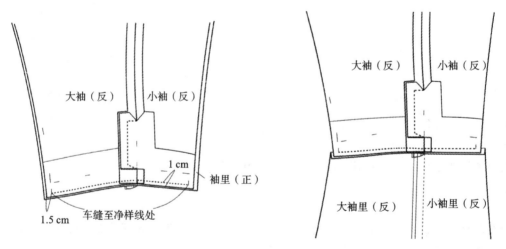

图 3-59 缝合面布与里布

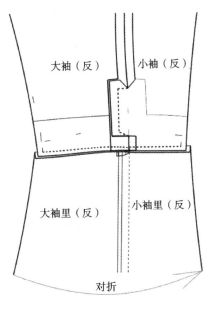

图 3-60　将前袖缝对齐

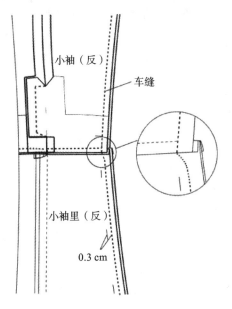

图 3-61　车缝前袖缝

① 烫开前袖缝面布。

② 将前袖缝里布沿净样线向大袖扣烫。

（8）固定前袖缝，如图 3-63 所示。

① 缩缝袖山。

② 将小袖面、里反面相对，对齐缝份，手针疏缝固定前袖缝中部。

（9）翻正袖子。

将袖子翻到正面，缩袖山，准备绱袖，如图 3-64 所示。

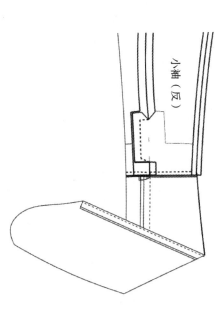

图 3-62　整理前袖缝

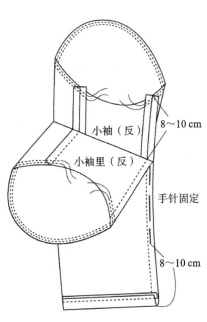

图 3-63　固定前袖缝

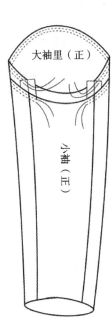

图 3-64　翻正袖子

三、学习任务小结

　　通过本次课的学习，同学们已经了解了西服袖口制作工艺，并制作了作品。接下来，请大家独立思考：影响缝制速度和质量的难点有哪些？如何解决？并检查、记录自己作品中有工艺问题的地方，然后由组长组织小组进行讨论互评,填写互评表(见表3-4),总结本组作品的主要工艺问题,并写出解决方案。

表3-4　西装袖口制作工艺互评表

评 分 项	组 员 姓 名						问 题 个 数
	1	2	3	4	5	6	
裁片数量、大小、正反无误							
袖口布按要求烫衬,各部位熨烫平服、整洁、未烫黄、无水渍及高光							
针距合理(每 3 cm 不少于 12 针)、底面线松紧合理、无跳线							
衩位制作精细、倒向正确,两袖对称							
线迹顺直、无歪扭、无漏缝							
其他问题							
个人得分							平均分:

满分5分,每项1分

四、课后作业

(1)收集多种西装袖口制作工艺图片,体会其工艺细节与使用意义。
(2)更正本次课所制作作品中的工艺问题,列出工艺流程。

项目四　口袋制作工艺

学习任务一　单层圆底贴袋制作工艺

教学目标

（1）专业能力：掌握单层圆底贴袋的制作工艺，了解圆底贴袋在不同服饰和服装部位中的作用。

（2）社会能力：培养爱岗敬业精神及严谨、规范、细致、耐心等优良品质，提升沟通与合作能力。

（3）方法能力：能制定实操计划，培养独立完成任务的能力，善于观察、思考和总结，具备一定的语言表达和识图、制作能力，理解质量检验的过程及方法，能操作常用服装设备。

学习目标

（1）知识目标：能收集、归纳和整理不同的贴袋类型，熟悉其制作工艺流程。

（2）技能目标：能按要求准备材料、分析制作工艺和处理技巧，并制作单层圆底贴袋。

（3）素质目标：通过小组讨论、资料查找提高自主学习、交流沟通能力。

教学建议

1. 教师活动

（1）通过展示有单层圆底贴袋的服饰，告知学生贴袋制作工艺运用的部位与意义。同时，运用多媒体课件、教学图片、视频案例等多种教学手段，讲解单层圆底贴袋的制作工艺流程。

（2）通过单层圆底贴袋制作示范，引导学生制作单层圆底贴袋。对贴袋制作工艺相关知识点进行分析、总结，加深学生对贴袋相关知识的理解与认知。

2. 学生活动

（1）分析教师展示的有单层圆底贴袋的服饰，理解单层圆底贴袋的制作工艺。通过观看单层圆底贴袋的制作过程，进一步理解单层圆底贴袋制作工艺的应用。

（2）根据教师展示的相关资料，分组按要求进行单层圆底贴袋制作实训。

一、学习问题导入

各位同学，大家好！我们经常看到童装、围裙、包包上有一些可爱的贴袋，它们既起到了很好的装饰作用，又便于收纳小物件。本次课我们就来学习单层圆底贴袋的制作工艺。有单层圆底贴袋的围裙款式图如图 4-1 所示，单层圆底贴袋的两种类型如图 4-2 所示。

图 4-1　有单层圆底贴袋的围裙款式图

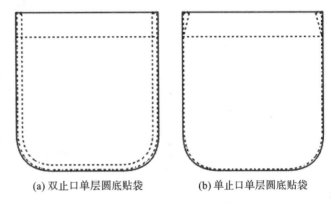

(a) 双止口单层圆底贴袋　　　(b) 单止口单层圆底贴袋

图 4-2　单层圆底贴袋的两种类型

二、学习任务讲解

1. 工艺流程

本次课以单止口单层圆底贴袋为例，讲解单层圆底贴袋制作工艺流程。

(1) 设计单层圆底贴袋。

尺寸为 11 cm×13 cm，底边修圆，圆角半径为 3 cm，如图 4-3 所示。

(2) 制作净袋样板。

使用硬纸板（比如牛皮纸），按设计图裁剪出净袋样板。

(3) 裁剪贴袋。

①选取合适的面料，根据净袋样板进行贴袋的裁剪，袋口留 3 cm 缝份，其余各边留 0.5～0.7 cm 缝份，如图 4-4 所示。

②依据净袋样板，扣净事先预留的缝份量，注意圆角处要抻平整，可用珠针将其固定。

③最后用熨斗将其扣烫平整，如图 4-5 所示。

(4) 折边缝制袋口。

在贴袋反面沿折边缘一道 0.1 cm 的明线，如图 4-6 所示。

(5) 车缝贴袋，如图 4-7 所示。

图 4-3　设计单层圆底贴袋

在服饰上选择合适的位置，将贴袋倒扣在上面，并做好贴袋位置标记。沿着贴袋边缘，在正面缉 0.1 cm 的明线。为了使袋口牢固，常在袋口处封三角。以图中的 1 处作为起点，沿着 1 至 2 的方向斜向上车缝到 3 处，再回到 1 处，绕一圈；另一边同理。

完成车缝后，还要再次熨烫平整。

2. 制作技巧

(1) 在制作单层圆底贴袋的过程中，贴袋形状可自行设计，大小随意，在确保圆顺的情况下底边形状也随意。

(2) 袋口两端的三角内缝份比较厚，可以对其进行适当的修剪。

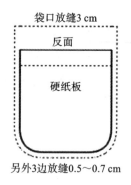

图 4-4　贴袋放缝

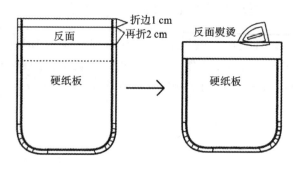

图 4-5　折光及熨烫

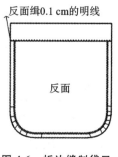

图 4-6　折边缝制袋口

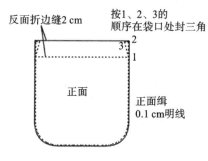

图 4-7　车缝贴袋

三、学习任务小结

通过本次课的学习,同学们已经了解了单层圆底贴袋的制作工艺,并制作了作品。接下来,请大家检查、记录自己的作品中有工艺问题的地方,然后由组长组织小组进行讨论互评,总结本组作品的主要工艺问题,并写出解决方案。

四、课后作业

观察图 4-8 中的贴袋,说出其工艺细节及制作注意事项。

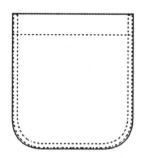

图 4-8　双止口单层圆底贴袋

学习任务二　立体贴袋制作工艺

教学目标

(1) 专业能力：掌握立体贴袋的制作工艺，了解立体贴袋在不同服饰和服装部位中的作用。

(2) 社会能力：培养爱岗敬业精神及严谨、规范、细致、耐心等优良品质，提升沟通与合作能力。

(3) 方法能力：能制定实操计划，培养独立完成任务的能力，善于观察、思考和总结，具备一定的语言表达和识图、制作能力，理解质量检验的过程及方法，能操作常用服装设备。

学习目标

(1) 知识目标：能收集、归纳和整理不同的贴袋类型，熟悉其制作工艺流程。

(2) 技能目标：能按要求准备材料、分析制作工艺和处理技巧，并制作立体贴袋。

(3) 素质目标：通过小组讨论、资料查找提高自主学习、交流沟通能力。

教学建议

1. 教师活动

(1) 通过展示有立体贴袋的服饰，告知学生立体贴袋制作工艺运用的部位与意义。同时，运用多媒体课件、教学图片、视频案例等多种教学手段，讲解立体贴袋的制作工艺流程。

(2) 通过立体贴袋制作示范，引导学生制作立体贴袋。对贴袋制作工艺相关知识点进行分析、总结，加深学生对立体贴袋相关知识的理解与认知。指导学生设计立体贴袋。

2. 学生活动

(1) 分析教师展示的有立体贴袋的服饰，理解立体贴袋的制作工艺。通过观看立体贴袋的制作过程，进一步理解立体贴袋制作工艺的应用。

(2) 根据教师展示的相关资料，自主思考并设计出几款立体贴袋，分组展示；分组按要求进行立体贴袋制作实训。

一、学习问题导入

各位同学,大家好!上次课我们学习了单层圆底贴袋的制作工艺,能制作便捷、大方又好看的贴袋,但是有时候是不是会觉得这种袋子不够立体,放不了太多的物品呢?针对这种困惑,本次课我们一起来研究立体贴袋的制作工艺,学习如何制作容量更大的立体贴袋吧!

图 4-9 为有立体贴袋的服装款式图,图 4-10 为立体贴袋的两种类型。请同学们手绘几款立体贴袋,并标明其适用的服装款式或者部位,以小组为单位进行展示。

图 4-9 有立体贴袋的服装款式图

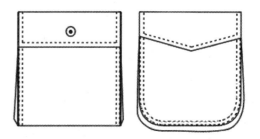

图 4-10 立体贴袋的两种类型

二、学习任务讲解

1. 工序

设计──→分析──→裁剪──→车缝袋口──→缝合立体贴边与袋布──→缝合立体贴边与衣片──→制作袋盖──→缝合袋盖与衣片──→整烫。

2. 工艺流程

(1)设计立体贴袋,如图 4-11 所示。

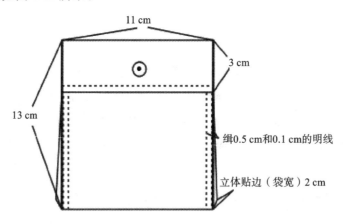

图 4-11 设计立体贴袋

(2)分析裁片,见表 4-1。

表 4-1 立体贴袋裁片

序号	裁片名称	裁片尺寸(净样,单位:cm)	裁片数量	丝缕方向	材 料
1	衣片	不限	1	直	面料
2	袋布	11×13	1	直	面料
3	袋盖	11×3	2	直	面料
4	立体贴边	13+11+13=37	1	直	面料

（3）裁剪。

①使用硬纸板（如牛皮纸），裁剪出袋布的净袋样板（11 cm×13 cm）。选取合适的面料，根据净袋样板裁剪袋布，袋口放缝 3 cm，其余各边放缝 0.5～0.7 cm；剪裁立体贴边，长边放缝 0.7 cm，短边放缝 1.4 cm；裁剪袋盖，各边放缝 1 cm，如图 4-12 所示。

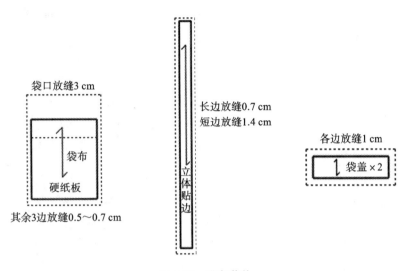

图 4-12　准备裁片

②依据净袋样板，扣净事先预留的缝份量，注意拐角处要抒平整，最后用熨斗将其扣烫平整，如图 4-13 所示。

（4）车缝袋口，如图 4-14 所示。

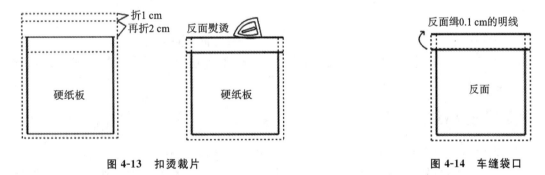

图 4-13　扣烫裁片　　　　　　　　　　**图 4-14　车缝袋口**

（5）缝合立体贴边与袋布。

①将立体贴边的短边卷 0.7 cm 进行缝制，长边扣烫 0.7 cm。将立体贴边与袋布正面相对，长边对齐，沿着缝头车缝 0.7 cm，注意在拐角处要将贴边折好，如图 4-15 所示。缝合效果如图 4-16 所示。

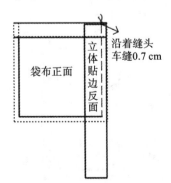

图 4-15　缝合立体贴边与袋布

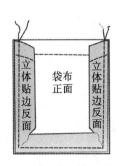

图 4-16　立体贴边与袋布缝合效果

②把立体贴边翻过来，将缝头坐倒在袋布上，从袋布正面缉一道 0.1 cm 的明线，如图 4-17 所示。

（6）缝合立体贴边与衣片。

首先在衣片上确定袋布位置（可使用气消笔、水消笔或者画粉标记），然后把袋布放在衣片上，沿立体贴边扣净缝头的一边，缉 0.1 cm 止口（折边缝 0.1 cm），最后对袋口两端进行加固。

（7）制作袋盖。

将两片袋盖裁片正面相对，把除上口外的三条边车缝 1 cm，再翻过来，在正面车缝 0.6 cm。

（8）缝合袋盖与衣片，如图 4-18 所示。

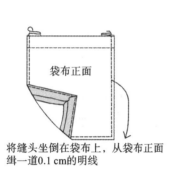

将缝头坐倒在袋布上，从袋布正面缉一道0.1 cm的明线

图 4-17　缉袋布明线

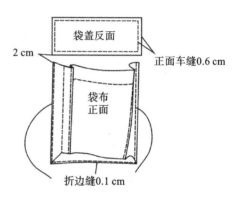

图 4-18　制作袋盖

把袋盖放在袋口上方，反面朝上扣压在距袋口 2 cm 处缉线固定。再对袋盖缉 0.6 cm 止口。

（9）整烫。

完成立体贴袋成品制作后，进行熨烫。最终效果如图 4-19 所示。

3. 制作技巧

立体贴边长为袋布三边长之和；宽度可根据自己喜好而定，贴边越宽，口袋越立体。

4. 成品检验要求

（1）立体贴边宽度要求：可根据需要而定，一般在 2～3 cm 之间（净样）。

（2）立体贴袋工艺要求：袋盖两端要盖住袋布，袋盖平服、不反翘，各处明线顺直、宽窄一致，袋布四角方正、与侧布位置对准。

三、学习任务小结

通过本次课的学习，同学们已经了解了立体贴袋的制作工艺，并制作了作品。接下来，请大家检查、记录自己的作品中有工艺问题的地方，然后由组长组织小组进行讨论互评，总结本组作品的主要工艺问题，并写出解决方案。

四、课后作业

观察图 4-20 中的立体贴袋，说出其工艺细节及制作注意事项。

图 4-19　立体贴袋最终效果

图 4-20　圆底立体贴袋

学习任务三　装拉链贴袋制作工艺

教学目标

（1）专业能力：掌握装拉链贴袋的制作工艺，了解装拉链贴袋在不同服饰和服装部位中的作用。

（2）社会能力：培养爱岗敬业精神及严谨、规范、细致、耐心等优良品质，提升沟通与合作能力。

（3）方法能力：能制定实操计划，培养独立完成任务的能力，善于观察、思考和总结，具备一定的语言表达和识图、制作能力，理解质量检验的过程及方法，能操作常用服装设备。

学习目标

（1）知识目标：能收集、归纳和整理不同的装拉链贴袋类型，熟悉其制作工艺流程。

（2）技能目标：能按要求准备材料、分析制作工艺和处理技巧，并制作装拉链贴袋。

（3）素质目标：通过小组讨论、资料查找提高自主学习、交流沟通能力。

教学建议

1. 教师活动

（1）教师通过展示有装拉链贴袋的服饰，告知学生装拉链贴袋制作工艺运用的部位与意义。同时，运用多媒体课件、教学图片、视频案例等多种教学手段，讲解装拉链贴袋的制作工艺流程。

（2）通过装拉链贴袋制作示范，引导学生制作装拉链贴袋。对贴袋制作工艺相关知识点进行分析、总结，加深学生对装拉链贴袋相关知识的理解与认知。指导学生设计装拉链贴袋。

2. 学生活动

（1）分析教师展示的有装拉链贴袋的服饰，理解装拉链贴袋的制作工艺。通过观看装拉链贴袋的制作过程，进一步理解其工艺的应用。

（2）根据教师展示的相关资料，自主思考并设计出几款装拉链贴袋，分组展示；分组按要求进行装拉链贴袋制作实训。

一、学习问题导入

近些年,随着时尚浪潮的更迭,工装风重现街头,抓住了爱美之人的目光,演绎着别样的风情。老师想问下大家,你们眼中的工装风是怎样的呢? 请拿出纸笔,写出工装风的关键词。

耐用的面料、粗犷的走线、多变的拉链、多样且巨大的口袋,这些都属于工装风格服装的元素。今天我们就一起来学习一款适用于工装风格服装的装拉链贴袋吧!

图 4-21 为有装拉链贴袋的服装款式图,图 4-22 为装拉链贴袋的两种类型。请同学们手绘几款装拉链贴袋,并标明其所适用的服装款式或者部位,以小组为单位进行展示。

图 4-21 有装拉链贴袋的服装款式图

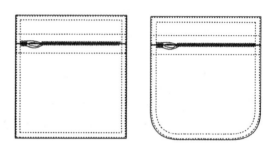

图 4-22 装拉链贴袋的两种类型

二、学习任务讲解

1. 工序

设计——→分析——→裁剪——→拷边和扣烫——→缝合上下袋布并分烫——→车缝拉链——→缝合袋布与衣片——→整烫。

2. 工艺流程

(1) 设计装拉链贴袋,尺寸为 11 cm×13 cm,如图 4-23 所示。

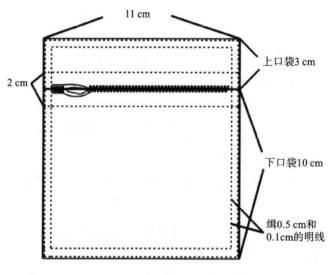

图 4-23 设计装拉链贴袋

(2) 分析裁片,见表 4-2。

表 4-2　装拉链贴袋裁片

序号	裁片名称	裁片尺寸 （净样，单位：cm）	裁片数量	丝缕方向	材　料
1	衣片	不限	1	直	面料
2	上袋布	11×3	1	直	面料
3	下袋布	11×10	1	直	面料

（3）裁剪。

使用硬纸板（如牛皮纸），裁剪出袋布的净袋样板（11 cm×13 cm）。选取合适的面料，根据净袋样板裁剪袋布，如图 4-24 所示。

（4）拷边和扣烫。

用四线锁边机（包缝机）包缝所有裁片，并扣烫裁片缝头。

（5）缝合上下袋布并分烫。

将上下袋布正面相对，对齐缝头，从反面缉 2 cm 缝份，然后把缝头分开，熨烫平整，如图 4-25 所示。

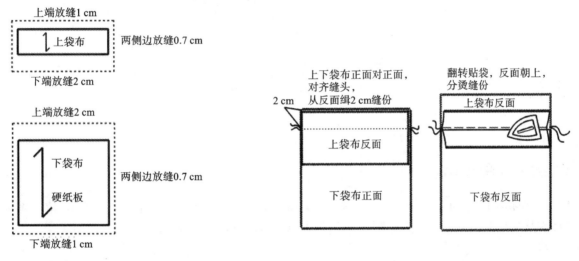

图 4-24　裁剪　　　　　　　　　　图 4-25　缝合上下袋布并分烫

（6）车缝拉链。

①准备一条比贴袋宽度（毛样）短 1.5～2 cm 的拉链，反面朝上，放到袋布反面，使拉链开口线刚好落在上下袋布缝合线上，拉链两头分别用珠针固定在上下袋布缝头上；接着用疏针针迹（大概 1.5 cm 宽）分别将拉链的两条边与上下袋布缝头缝在一起，再将贴袋各边缝头折光扣烫好，注意两侧部位要把拉链的两端包住，如图 4-26 所示。

②把袋布翻到正面，沿着上下袋布缝合线，在两边分别缉一条 0.8～1 cm 的明线，如图 4-27 所示。

（7）缝合袋布与衣片。

在衣片上确定袋布位置（可使用气消笔、水消笔或者画粉标记），把袋布缝头折光扣倒在衣片上，沿袋布缉一圈 0.1 cm 的明线（折边缝 0.1 cm），再缉一圈 0.5 cm 的明线，注意在袋口两端和拉链位置倒几针以加固，如图 4-28 所示。完成后，将上下袋布缝合线用拆线器拆开，就可以自由拉动拉链了。

（8）整烫。

3．制作技巧

（1）依据净袋样板，扣净事先预留的缝份量，注意拐角处要捋平整，最后用熨斗将其扣烫平整。

（2）上下袋布大小可根据需要而定，上下袋布车缝拉链的一端放缝 2～3 cm。

4．成品检验要求

（1）贴袋造型和工艺要求：袋形美观，大小合适，拉链开口均匀，各处明线顺直、宽窄一致，袋布四角

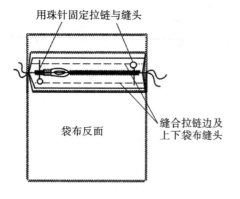

图 4-26 固定拉链

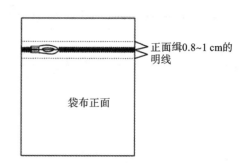

图 4-27 袋布正面缉明线

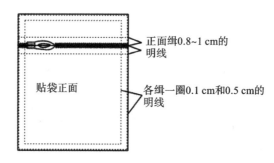

图 4-28 装拉链贴袋最终效果

方正。

（2）拉链工艺要求：拉链平服、不反翘。

三、学习任务小结

通过本次课的学习，同学们已经了解了装拉链贴袋的制作工艺，并制作了作品。接下来，请大家检查、记录自己的作品中有工艺问题的地方，然后由组长组织小组进行讨论互评，总结本组作品的主要工艺问题，并写出解决方案。

四、课后作业

观察图 4-29 中的装拉链贴袋，说出其工艺细节及制作注意事项。

图 4-29 圆底装拉链贴袋

学习任务四　单嵌线挖袋制作工艺

教学目标

(1) 专业能力:掌握单嵌线挖袋的制作工艺,了解单嵌线挖袋在不同服饰和服装部位中的作用。

(2) 社会能力:培养爱岗敬业精神及严谨、规范、细致、耐心等优良品质,提升沟通与合作能力。

(3) 方法能力:能制定实操计划,培养独立完成任务的能力,善于观察、思考和总结,具备一定的语言表达和识图、制作能力,理解质量检验的过程及方法,能操作常用服装设备。

学习目标

(1) 知识目标:能收集、归纳和整理不同的挖袋类型,熟悉其制作工艺流程。

(2) 技能目标:能按要求准备材料、分析制作工艺和处理技巧,并制作单嵌线挖袋。

(3) 素质目标:通过小组讨论、资料查找提高自主学习、交流沟通能力。

教学建议

1. 教师活动

(1) 通过展示有挖袋的服装,告知学生挖袋的种类、款式、工艺,以及其运用的服装风格与意义。同时,运用多媒体课件、教学图片、视频案例等多种教学手段,讲解单嵌线挖袋的制作工艺流程。

(2) 通过单嵌线挖袋制作示范,引导学生制作单嵌线挖袋。对挖袋制作工艺相关知识点进行分析、总结,加深学生对挖袋相关知识的理解与认知。

2. 学生活动

(1) 分析教师展示的有单嵌线挖袋的服装,理解单嵌线挖袋的制作工艺。通过观看单嵌线挖袋的制作过程,进一步理解其工艺的应用。

(2) 根据教师展示的相关资料,自主思考并手绘几款挖袋,分组展示;分组按要求进行单嵌线挖袋制作实训。

一、学习问题导入

挖袋又称"开袋",是将衣料剪开,用内衬袋布做成的口袋。挖袋形式很多,有只在挖袋开口的下口沿边缝上一段嵌线,上口沿边缝上袋盖的单嵌线挖袋;也有在开口部位上下都缝嵌线的双嵌线挖袋;还有无袋盖的一字形挖袋。挖袋还可分为直形、斜形和弧形,虽然其制作方法基本相似,但是行业里习惯称之为直插袋、斜插袋和弧形插袋。

图4-30是有单、双嵌线挖袋的服装款式图。图4-31展示了挖袋的各种类型。本次课我们来学习单嵌线挖袋。请同学们根据老师展示的有单嵌线挖袋的男式西裤及零部件实物,开展小组讨论,做思维导图,分析结构和零部件等,以小组为单位汇报和展示。

图 4-30　有单、双嵌线挖袋的服装款式图

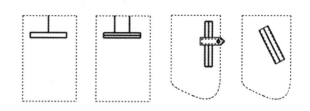

图 4-31　挖袋的类型

二、学习任务讲解

1. 工序

设计──→分析──→裁剪──→拷边──→确定袋位及粘衬──→固定上下袋布,装垫袋布──→缉嵌条──→开袋口──→缝合嵌条与上袋布──→封三角──→缉袋口──→兜缉袋布──→固定袋布上口。

2. 工艺流程

(1) 设计单嵌线挖袋,如图4-32所示。

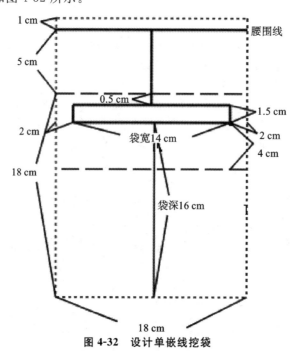

图 4-32　设计单嵌线挖袋

（2）分析裁片，见表4-3。

表 4-3　单嵌线挖袋裁片

序号	裁片名称	裁片尺寸（净样，单位：cm）	裁片数量	丝缕方向	材料	粘衬情况	放缝情况	拷边情况
1	裤片	不限	1	直	面料	背面口袋位粘衬	须放缝	腰头不拷边
2	嵌条	17×7	1	直	面料	须粘衬	无须放缝	下端须拷边
3	垫袋布	18×7	1	直	面料	须粘衬	无须放缝	无须拷边
4	袋布 A	18×24	1	直	里布	无须粘衬	无须放缝	拷边
5	袋布 B	18×24	1	直	里布	无须粘衬	无须放缝	拷边

（3）裁剪。

选取合适的面料，进行裁剪，均为净样，无须放缝，如图4-33所示。

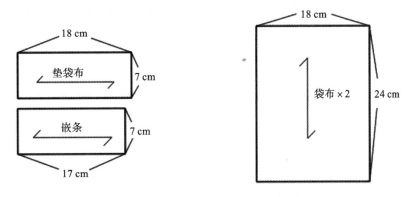

图 4-33　裁剪

（4）拷边。

按表4-3对须粘衬的裁片进行粘衬，并用四线锁边机（包缝机）将须拷边的裁片或者部位进行拷边、熨烫。

（5）确定袋位及粘衬。

在裤片正面画出袋口与袋位线，再在袋口位置反面粘衬，尺寸为（袋宽＋2 cm）×3 cm，即 16 cm×3 cm，如图4-34所示。

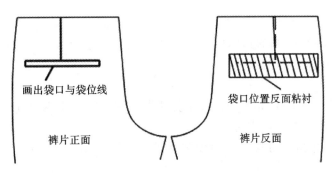

图 4-34　确定袋位及粘衬

（6）固定上下袋布，装垫袋布。

①固定上袋布（袋布 A）。

将上袋布（袋布 A）反面朝上放到裤片反面，袋布 A 上缘高出腰围线 1 cm，并在袋位线下面 0.1 cm 处，用大头针或长针缂线使袋布 A 固定在裤片上，如图4-35所示。

②装垫袋布。

将垫袋布粘衬后,两端折进0.5 cm熨烫好,然后在下袋布(袋布B)上装垫袋布,如图4-36所示。

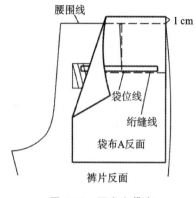

图4-35　固定上袋布

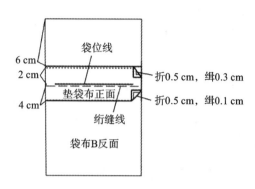

图4-36　在下袋布上装垫袋布

③固定下袋布(袋布B)。

在装好垫袋布的袋布B上,画出袋口位置,然后把它正面朝上放到裤片正面,对齐两者的袋口上缘后缉线,起落手来回针缉牢固,如图4-37所示。

(7)缉嵌条。

①处理嵌条。

把粘衬后的嵌条一边向内折2 cm,烫平,并在嵌条正面距折转边1.5 cm画出嵌线,如图4-38所示。

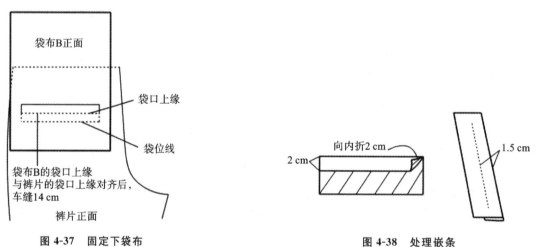

图4-37　固定下袋布

图4-38　处理嵌条

②固定嵌条。

在裤片正面将嵌条反面朝上,折转边朝外,使嵌条折转边距离袋位线1.5 cm,再在袋位线上缉线,起落手来回针缉牢固,如图4-39所示。

(8)开袋口。

从裤子正面拨开嵌条和袋布B,沿着所画线条剪开袋口(裤片与裤片反面的袋布A一起剪开),剪至离袋口两端0.6 cm处剪三角,如图4-40所示。

三角要剪到位,但不能把角上的线剪断,并要离开线一或二根丝缕。离开太多,袋角打裥不平服。剪开太足,袋角会毛出。

(9)缝合嵌条与上袋布(袋布A)。

嵌条下口折进0.5 cm,在袋布A上缉一条0.3 cm的明线,如图4-41所示。

(10)封三角。

把嵌条和袋布B从袋口翻进去,熨烫后,掀起两边裤片和袋布,来回针3～4道封三角,如图4-42所示。

(11)缉袋口。

将裤片翻起,上下袋布叠好,对好位。紧靠袋口用"门"字形缉线固定上下袋布,"门"字两边缉来回针

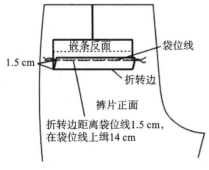

图 4-39　固定嵌条

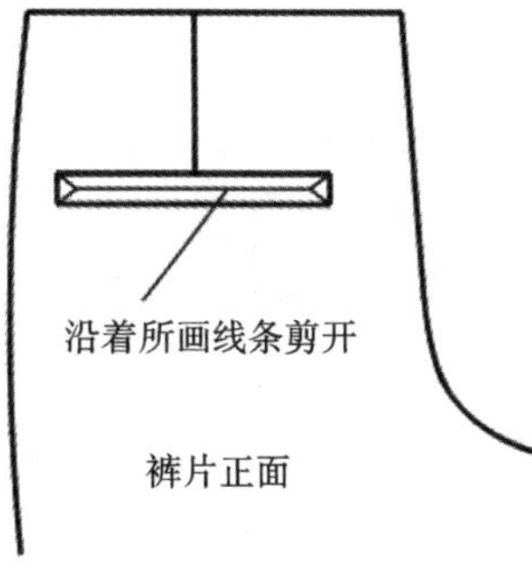

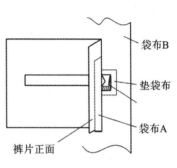

图 4-40　开袋口

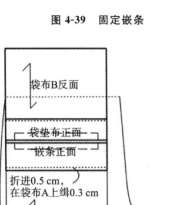

图 4-41　缝合嵌条与上袋布

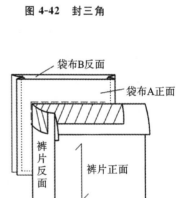

图 4-42　封三角

3～4 道,如图 4-43 所示。

（12）兜缉袋布。

方法一:采用拷边、包边的工艺处理。将袋布 A 与袋布 B 反面相叠,车缝 0.5 cm 明线,再进行拷边或者包边。

方法二:来去缝工艺处理。将袋布 A 与袋布 B 正面相叠,车缝 0.5 cm,将缝份剪成 0.3 cm,再翻过来,缉一道 0.5 cm 的明线,如图 4-44 和图 4-45 所示。

（13）固定袋布上口。

将上下袋布放平,上口与腰围线缉线固定,修剪袋布上口,与腰齐平,如图 4-46 所示。

3. 制作技巧和注意事项

（1）剪三角前,要检查所缉的嵌线是否与嵌条宽度一致,缉线长短是否一致。剪三角的剪刀一定要锋利,剪口一步到位,才不易毛口。

（2）三角剪好后要马上缉线封三角,以免毛口。封三角前嵌条要放正,嵌线位置要对准。封三角时要紧靠三角底边根部缉线。

（3）将嵌条上口与两层袋布固定时,除了对好位,还须保证嵌条闭合严实。

（4）要严格按照每一步的要求来做,发现问题随时解决。

4. 成品检验要求

（1）袋口大小符合规格。

（2）袋角方正。

（3）袋口平服。

图 4-43　缉袋口

（4）无裥、无毛出。

（5）外形美观。

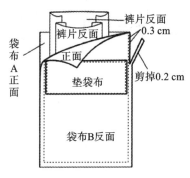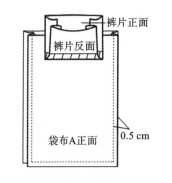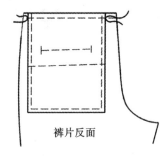

| 图 4-44　来去缝兜缉袋布反面剪缝份 | 图 4-45　来去缝兜缉袋布正面缉明线 | 图 4-46　固定袋布上口 |

三、学习任务小结

通过本次课的学习,同学们

已经了解了单嵌线挖袋的制作工艺,并制作了作品。接下来,请大家检查、记录自己的作品中有工艺问题的地方,然后由组长组织小组进行讨论互评,总结本组作品的主要工艺问题,并写出解决方案。

四、课后作业

观察图 4-47 中的挖袋,回顾单嵌线挖袋的制作工艺流程,并用思维导图的方式,分别写出图中挖袋款式的工艺要点。

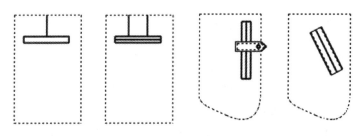

图 4-47　各种类型的挖袋

学习任务五　双嵌线挖袋制作工艺

教学目标

(1) 专业能力：掌握双嵌线挖袋的制作工艺，了解双嵌线挖袋在不同服饰和服装部位中的作用。

(2) 社会能力：培养爱岗敬业精神及严谨、规范、细致、耐心等优良品质，提升沟通与合作能力。

(3) 方法能力：能制定实操计划，培养独立完成任务的能力，善于观察、思考和总结，具备一定的语言表达和识图、制作能力，理解质量检验的过程及方法，能操作常用服装设备。

学习目标

(1) 知识目标：能收集、归纳和整理不同的挖袋类型，熟悉其制作工艺流程。

(2) 技能目标：能按要求准备材料、分析制作工艺和处理技巧，并制作双嵌线挖袋。

(3) 素质目标：通过小组讨论、资料查找提高自主学习、交流沟通能力。

教学建议

1. 教师活动

(1) 通过展示有挖袋的服装，告知学生挖袋的种类、款式、工艺，以及其运用的服装风格与意义。同时，运用多媒体课件、教学图片、视频案例等多种教学手段，讲解双嵌线挖袋的制作工艺流程。

(2) 通过双嵌线挖袋制作示范，引导学生制作双嵌线挖袋。对挖袋制作工艺相关知识点进行分析、总结，加深学生对挖袋相关知识的理解与认知。

2. 学生活动

(1) 分析教师展示的有双嵌线挖袋的服装，理解双嵌线挖袋的制作工艺。通过观看双嵌线挖袋的制作过程，进一步理解其工艺的应用。

(2) 根据教师展示的相关资料，自主思考并手绘几款挖袋，分组展示；分组按要求进行双嵌线挖袋制作实训。

一、学习问题导入

各位同学,大家好! 本次课我们来学习双嵌线挖袋的制作工艺。大家先观察图 4-48 和图 4-49,认真对比和分析,写出单、双嵌线挖袋的区别。然后,请同学们根据老师展示的有单、双嵌线挖袋的男式西裤及零部件实物,开展小组讨论,做思维导图,分析结构和零部件等,以小组为单位汇报和展示。

图 4-48　单、双嵌线挖袋在服装上的应用

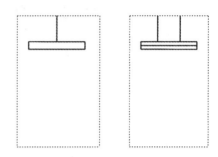

图 4-49　单、双嵌线挖袋

二、学习任务讲解

1. 工序

设计──→分析──→裁剪──→拷边──→确定袋位及粘衬──→固定上袋布,装垫袋布──→缉嵌条──→开袋口──→缝合下嵌条与上袋布──→封三角──→缉袋口──→兜缉袋布及固定袋布上口。

2. 工艺流程

(1) 设计双嵌线挖袋,如图 4-50 所示。

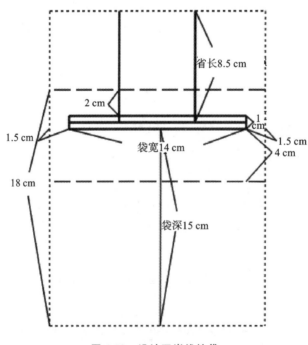

图 4-50　设计双嵌线挖袋

(2) 分析裁片,见表 4-4。

表 4-4　双嵌线挖袋裁片

序号	裁片名称	裁片尺寸 (净样,单位:cm)	裁片数量	丝缕方向	材料	粘衬情况	放缝情况	拷边情况
1	裤片	不限	1	直	面料	背面口袋位粘衬	须放缝	腰头不拷边
2	上嵌条	17×3	1	直	面料	须粘衬	无须放缝	无须拷边
3	下嵌条	17×5	1	直	面料	须粘衬	无须放缝	下端拷边
4	垫袋布	17×8	1	直	面料	须粘衬	无须放缝	无须拷边
5	袋布 A	17×20	1	直	里布	无须粘衬	无须放缝	拷边
6	袋布 B	17×20	1	直	里布	无须粘衬	无须放缝	拷边

（3）裁剪。

选取合适的面料,进行裁剪,均为净样,无须放缝,如图 4-51 所示。

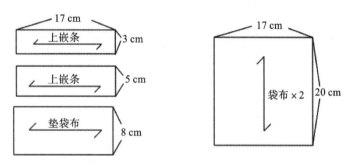

图 4-51　裁剪裁片

（4）拷边。

按表 4-4 对须粘衬的裁片进行粘衬,并用四线锁边机(包缝机)将须拷边的裁片或者部位进行拷边、熨烫。

（5）确定袋位及粘衬。

在裤片正面画出袋口与袋位线,再在袋口位置反面粘衬,尺寸为(袋宽＋3 cm)×4 cm,即 17 cm×4 cm,如图 4-52 所示。

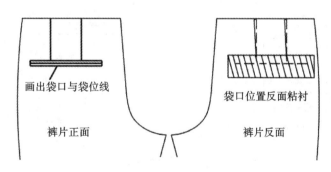

图 4-52　确定袋位及粘衬

（6）固定上袋布,装垫袋布。

①固定上袋布。

将上袋布(袋布 A)反面朝上放到裤片反面,在高出袋位线 2.5 cm 处假缝,用大头针或长针绗线使袋布 A 固定在裤片上,如图 4-53 所示。

②装垫袋布。

将已粘衬的垫袋布上下两边各折进 0.5 cm,扣烫好,放到下袋布(袋布 B)上,对好位,进行绗缝,如图 4-54 所示。

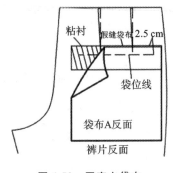

图 4-53 固定上袋布

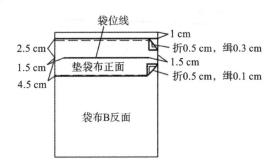

图 4-54 在下袋布上装垫袋布

（7）缉嵌条。

①处理嵌条。

上下嵌条粘衬后，将下嵌条未拷边的一边折转 1 cm 烫平，上嵌线对折成 1.5 cm 修齐，并在上下嵌条正面，距折转边 0.4～0.5 cm 画出嵌线，如图 4-55 所示。

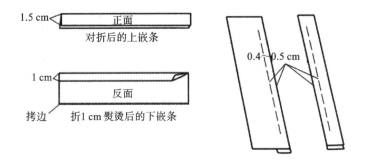

图 4-55 处理嵌条

②固定嵌条。

在裤片正面，将上下嵌条正面朝上，折转边朝外，折转边均距离袋位线 1 cm，使上下嵌条的嵌线分别对齐裤片正面预先画好的袋口上下缘，然后分别缉线，起落手来回针缉牢固，如图 4-56 所示。

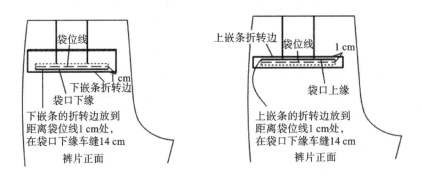

图 4-56 固定嵌条

注意因省缝上大下小，缉下嵌线比缉上嵌线要略带紧，使袋角上下丝缕一致，袋角才能方正。

（8）开袋口。

从裤子正面拨开上下嵌条，沿着袋位线剪开袋口，距离袋口两端 0.6 cm 处剪三角，如图 4-57 所示。

三角要剪到位，但不能把角上的线剪断，并要离开线一或二根丝缕。离开太多，袋角打裥不平服。剪开太足，袋角会毛出。

（9）缝合下嵌条与上袋布（袋布 A）。

下嵌条下口折进 0.5 cm，在袋布 A 上缉一条 0.3 cm 的明线，如图 4-58 所示。

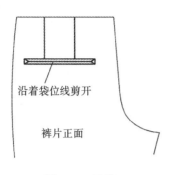

图 4-57　开袋口

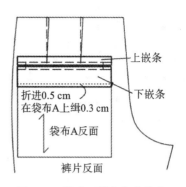

图 4-58　缝合下嵌条与上袋布

（10）封三角。

把上下嵌条从袋口翻进去，掀开两边裤片和袋布，来回针 3～4 道封三角，如图 4-59 所示。

（11）缉袋口。

上下袋布对好位，叠放好。将袋口两边的裤片翻起，袋口上边的裤片翻下，紧靠袋口用"门"字形缉线固定上下袋布，"门"字两边缉来回针 3～4 道，如图 4-60 所示。

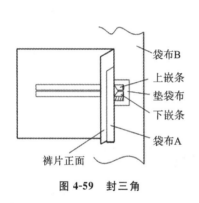

图 4-59　封三角

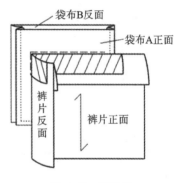

图 4-60　缉袋口

（12）兜缉袋布及固定袋布上口。

方法一：采用拷边、包边的工艺处理。将袋布 A 与袋布 B 反面相叠，车缝 0.5 cm 明线，再进行拷边或者包边。采用这种方法时，上下袋布的上口也要用同种方法处理。

方法二：来去缝工艺处理。将袋布 A 与袋布 B 正面相叠，车缝 0.5 cm，将缝份剪成 0.3 cm，再翻过来，缉一道 0.5 cm 的明线，如图 4-61 和图 4-62 所示。采用这种方法时，袋布上口可采用包边工艺处理。

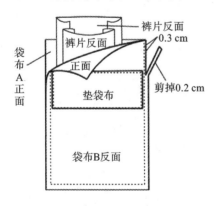

图 4-61　来去缝兜缉袋布反面剪缝份

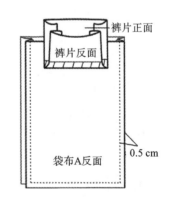

图 4-62　来去缝兜缉袋布正面缉明线

3. 制作技巧和注意事项

（1）剪三角前，要检查所缉的嵌线是否与嵌条宽度一致，缉线长短是否一致。剪三角的剪刀一定要锋利，剪口一步到位，才不易毛口。

（2）三角剪好后要马上缉线封三角，以免毛口。封三角前嵌条要放正，嵌线位置要对准。封三角时要紧靠三角底边根部缉线。

（3）将嵌条上口与两层袋布固定时，除了对好位，还须保证嵌条闭合严实。

（4）要严格按照每一步的要求来做，发现问题随时解决。

4. 成品检验要求

（1）袋口大小符合规格。

（2）袋角方正。

（3）袋口平服。

（4）无裥、无毛出。

（5）外形美观。

三、学习任务小结

通过本次课的学习，同学们已经了解了双嵌线挖袋的制作工艺，并制作了作品。接下来，请大家检查、记录自己的作品中有工艺问题的地方，然后由组长组织小组进行讨论互评，总结本组作品的主要工艺问题，并写出解决方案。

四、课后作业

观察图 4-63 中的挖袋，回顾单、双嵌线挖袋制作工艺的异同，尝试研究图中两款挖袋的制作流程，用思维导图的方式记录下来。

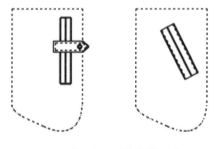

图 4-63　两款挖袋

项目五　装拉链与绱腰工艺

学习任务一 西装裙装明拉链工艺

教学目标

(1) 专业能力：了解西装裙生产工艺单的内容，能分析其工艺技术要求及面辅材料，并从中找出西装裙装明拉链工艺的依据；掌握西装裙装明拉链工艺流程、步骤和方法；能熟练运用缝纫、熨烫设备，按生产工艺单要求制作出西装裙装明拉链样裙并进行质量检验。

(2) 社会能力：培养爱岗敬业精神及严谨、规范、细致、耐心等优良品质；掌握安全和规范操作的方式、方法；提升沟通与合作能力。

(3) 方法能力：能制定实操计划，培养独立完成任务的能力；善于观察、思考和总结，具备一定的语言表达和识图、制作能力。

学习目标

(1) 知识目标：能看懂西装裙生产工艺单，会分析其工艺技术要求及面辅材料，并从中找出西装裙装明拉链工艺的依据；掌握西装裙装明拉链工艺流程、步骤和方法。

(2) 技能目标：能熟练运用缝纫、熨烫设备，按生产工艺单要求制作出西装裙装明拉链样裙并进行质量检验。

(3) 素质目标：熟知安全和规范操作的方式、方法，具备严谨、规范、细致、耐心等优良品质，提升自身综合职业能力。

教学建议

1. 教师活动

(1) 通过展示西装裙生产工艺单及样裙，引导学生观察与思考，全面分析其规格、工艺技术要求及面辅材料，并从中找出西装裙装明拉链工艺的依据。提高学生识图、看表及分析工艺关键点的能力。

(2) 运用多媒体课件、实例过程演示等教学手段，讲授西装裙装明拉链工艺流程、步骤和方法。引导学生熟练运用缝纫、熨烫设备，按生产工艺单要求制作出西装裙装明拉链样裙并进行质量检验。

(3) 引导学生树立安全和规范操作的意识，通过分享西装裙装明拉链工艺作品，让学生感受品质控制的关键之处。

2. 学生活动

(1) 通过分小组学习形式，以西装裙设计与制作为依托，形成自主学习、自我管理的学习模式，以学生为中心取代以教师为中心。

(2) 选取合适尺码，按生产工艺单要求制作出西装裙装明拉链样裙并进行质量检验。

一、学习问题导入

什么是装明拉链工艺,拉链种类有哪些? 同学先思考以上两个问题。本次课以后中明拉链为例,主要学习西装裙装明拉链工艺。西装裙装明拉链工艺在西装裙制作中占据比较重要的位置,希望同学们认真学习,通过不断训练来掌握西装裙装明拉链的工艺技巧。

二、学习任务讲解

1. 工序

确定后中明拉链位置→缝合后中缝→熨烫后中缝→绱拉链。

2. 工艺流程

(1)确定后中明拉链位置。

根据款式的特点,确定拉链的长度以及位置(裙子后中拉链下端一定在臀围线下),并在拉链的位置用画粉及消失笔做好标记,如图 5-1 所示。在做标记时,注意拉链的长度是否契合标记长度。

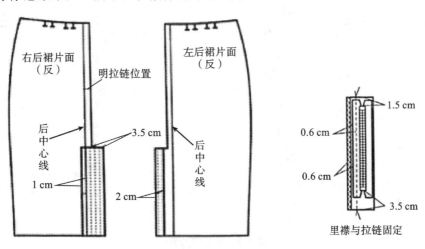

图 5-1 确定后中明拉链位置

(2)缝合后中缝。

缝合后中缝时,起针一定要回针,结束也要回针。在缝合的过程中一定要带紧下层,推送上层,使上下层松紧适宜,两边缝位控制在 1 cm 左右,如图 5-2 所示。

(3)熨烫后中缝。

熨烫后中缝时,要掌握好熨斗的温度,当熨斗冒出蒸汽才开始熨烫,一边扒开缝位,一边熨烫后中缝,再放冷气,使之快速冷却,如图 5-3 所示。在熨烫时一定要注意安全,当离开熨斗时,要关好熨斗的开关,并把熨斗放到铁架上。

(4)绱拉链。

①将右后中缝缝头折转,在左后中缝离拉链牙 0.2 cm 左右处,压缉 0.1 cm 止口。可先用寮线定好后再缉线。如果要用门襟将右后中缝固定拉链的 0.1 cm 止口缉线盖过,则右后裙片开门处缝头少折转 0.2 cm 左右,压缉 0.1 cm 止口。如图 5-4 所示。

②把拉链拉上,里襟朝后片翻转。将右后裙片开门处沿贴边标记折转,与左后裙片上下对齐并放平,止口并拢,盖住拉链,压缉 0.8~1 cm 止口。可先用寮线定好后再缉线。把里襟放平,下端缉来回针 4~5 道封口。如图 5-5 所示。

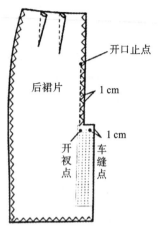

图 5-2　缝合后中缝

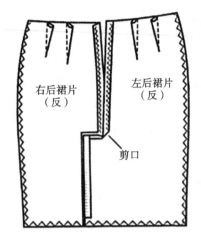

图 5-3　熨烫后中缝

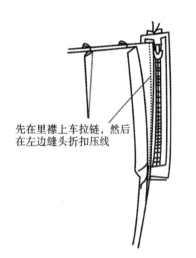

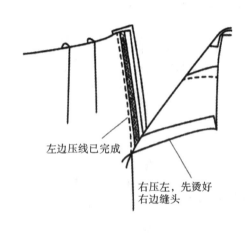

图 5-4　绱拉链步骤一

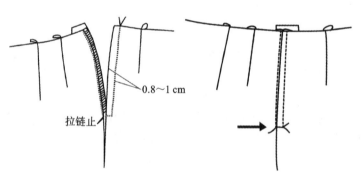

图 5-5　绱拉链步骤二

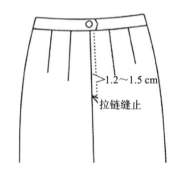

图 5-6　西装裙装明拉链工艺实训

三、学习任务小结

通过本次课的学习,同学们已经初步了解了西装裙装明拉链工艺,掌握了西装裙装明拉链的工艺要求、熨烫要点和注意事项。通过观看老师的示范,同学们对装明拉链工艺有了深层次的理解。课后,大家要多练习西装裙装明拉链技术,提高自己的动手能力。

四、课后作业

根据图 5-6 完成西装裙装明拉链工艺实训。

学习任务二　男式休闲裤装前门拉链工艺

教学目标

（1）专业能力：熟识男式休闲裤生产工艺单的内容，分析其工艺技术要求及面辅材料，从中找出男式休闲裤装前门拉链工艺的依据；掌握男式休闲裤装前门拉链工艺流程、各步骤要求和方法；能熟练运用缝纫、熨烫设备，按生产工艺单要求制作出男式休闲裤装前门拉链样裤并进行质量检验。

（2）社会能力：培养爱岗敬业精神及严谨、规范、细致、耐心等优良品质；掌握安全和规范操作的方式、方法；提升沟通与合作、批评与自我批评的能力。

（3）方法能力：掌握制定计划、独立学习新技术的方法和评估结果的方式，培养独立完成任务的能力；善于观察、思考和总结，具备一定的语言表达和识图、看表、制作能力。

学习目标

（1）知识目标：能看懂男式休闲裤生产工艺单，会分析其工艺技术要求及面辅材料，并从中找出男式休闲裤装前门拉链工艺的依据；掌握男式休闲裤装前门拉链工艺的流程、各步骤要求和方法。

（2）技能目标：会熟练运用缝纫、熨烫设备，按生产工艺单要求制作出男式休闲裤装前门拉链样裤并进行质量检验。

（3）素质目标：能对服装工艺产生浓厚兴趣，熟知安全和规范操作的方式、方法，具备严谨、规范、细致、耐心等优良品质，提升自身综合职业能力。

教学建议

1. 教师活动

（1）通过展示男式休闲裤生产工艺单及样裤，引导学生观察与思考，全面分析其规格、工艺技术要求及面辅材料，并从中找出男式休闲裤装前门拉链工艺的依据。提高学生识图、看表及分析工艺关键点的能力。

（2）运用多媒体课件、实例过程演示等教学手段，讲授男式休闲裤装前门拉链工艺流程、各步骤要求和方法。引导学生熟练运用缝纫、熨烫设备，按生产工艺单要求制作出男式休闲裤装前门拉链样裤并进行质量检验。

2. 学生活动

（1）通过分小组学习形式及有针对性的课堂提问、作业组织与辅导，形成自主学习、自我管理的学习模式，以学生为中心取代以教师为中心。

（2）选取合适尺码，按生产工艺单要求制作出男式休闲裤装前门拉链样裤并进行质量检验。

一、学习问题导入

本次课主要学习男式休闲裤装前门拉链工艺。装前门拉链的工艺在男式休闲裤制作中比较重要,希望同学们认真学习、实践,通过不断训练来掌握装前门拉链的工艺技巧。

二、学习任务讲解

1. 工序
缝合下裆缝→缝合前、后裆缝→缝合门襟→绱拉链。

2. 工艺流程

(1) 缝合下裆缝。

前裤片在上,后裤片在下,后裤片横裆下 5~10 cm 处略有吃势,中裆以下的前、后裤片松紧一致,沿边 1 cm 车缝,如图 5-7 所示。注意两层车缝线迹要平直,不能有长短差异。然后将其分缝烫平。

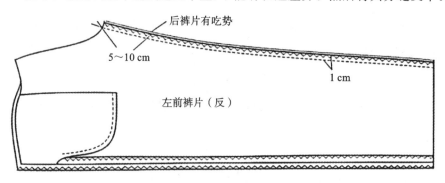

图 5-7 缝合下裆缝

(2) 缝合前、后裆缝。

将左、右裤片正面相对,裆底对齐,从前裆缝开口止点开始缝至后裆缝腰口,由于该处是易磨损部位,所以要车两道线,但不能出现双轨现象,如图 5-8 所示。然后分烫前、后裆缝。

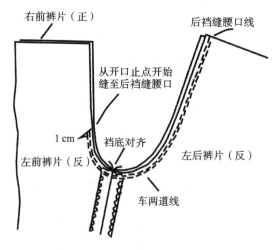

图 5-8 缝合前、后裆缝

(3) 缝合门襟。

缝合门襟与左前裤片裆缝,缝份 0.8 cm,缝至开口止点。在门襟止口处,沿边 0.1 cm 压明线。将前裆门襟止口烫出 0.2 cm 容量。如图 5-9 所示。

(4) 绱拉链。

①制作里襟。

将里襟正面沿中线对折后,在下部车缝 1 cm 的缝份。将缝份修剪为 0.5 cm,翻到正面并烫平。然后将

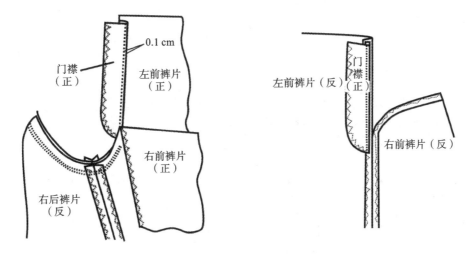

图 5-9　缝合门襟

里襟内侧的毛边三线包缝。如图 5-10(a)所示。

②固定里襟与拉链。

将拉链在距里襟三线包缝线 0.6 cm 处放平，换用单边压脚，在距拉链牙边 0.6 cm 处与里襟车缝固定。拉链头顶部距里襟顶部 1.5 cm、底部距里襟底部 3.5 cm。如图 5-10(b)所示。

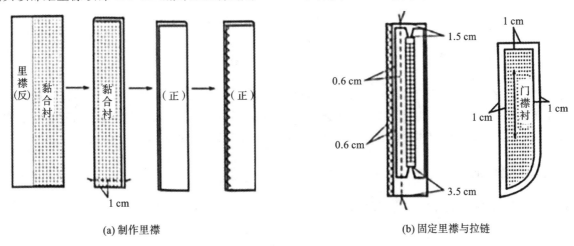

(a) 制作里襟　　　　　　　　　　　　　　(b) 固定里襟与拉链

图 5-10　制作里襟、固定里襟与拉链

③缝合右前裤片与里襟、拉链。

将右前裤片反面向上，里襟放在下面并伸出 0.3 cm，拉链侧边与右前裤片的前裆缝对齐，车 0.7 cm 的缝份至开口止点。然后将右前裤片折转，正面向上沿边 0.1 cm 缉明线。如图 5-11 所示。

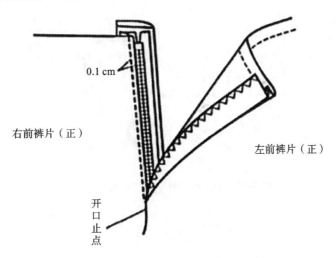

图 5-11　缝合右前裤片与里襟、拉链

④固定拉链与门襟。

将左前裤片裆缝止口盖住右前裤片0.2 cm,先假缝将其固定,然后翻到反面,将拉链放在门襟上,车缝固定,如图5-12(a)所示。

⑤车缝固定线。

将假缝线拆除,掀开里襟,在左前裤片开口处缉2 cm明线固定门襟,底部重复车缝。最后将里襟放回原处,铺平、对好,在裤片的反面将门襟、里襟底部车缝固定。如图5-12(b)所示。

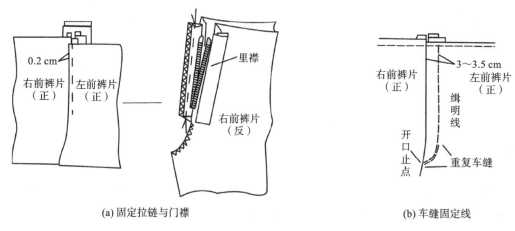

(a) 固定拉链与门襟　　　　　　　　　(b) 车缝固定线

图 5-12　固定拉链与门襟、车缝固定线

三、学习任务小结

通过本次课的学习,同学们已经初步了解了男式休闲裤装前门拉链的工艺,掌握了男式休闲裤装前门拉链的工艺要求、熨烫要点和注意事项。通过观看老师的示范,同学们对装前门拉链工艺有了深层次的理解。课后,大家要多练习男式休闲裤装前门拉链技术,提高自己的动手能力。

四、课后作业

根据图 5-13 完成男式休闲裤装前门拉链工艺实训。

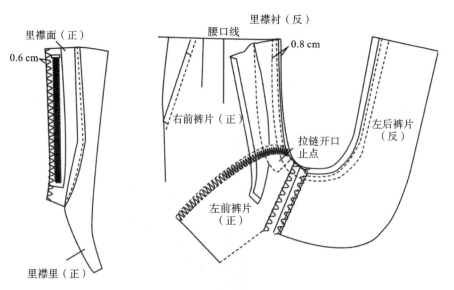

图 5-13　男式休闲裤装前门拉链工艺实训

服
装
工
艺

学习任务三 A字裙装隐形拉链工艺

教学目标

（1）专业能力：了解A字裙生产工艺单的内容，能分析其工艺技术要求及面辅材料，并从中找出A字裙装隐形拉链工艺的依据；掌握A字裙装隐形拉链工艺流程、步骤和方法；能熟练运用缝纫、熨烫设备，按生产工艺单要求制作出A字裙装隐形拉链样裙并进行质量检验。

（2）社会能力：培养爱岗敬业精神及严谨、规范、细致、耐心等优良品质；掌握安全和规范操作的方式、方法，提升沟通与合作能力。

（3）方法能力：能制定实操计划，培养独立完成任务的能力；善于观察、思考和总结，具备一定的语言表达和识图、制作能力。

学习目标

（1）知识目标：能看懂A字裙生产工艺单，会分析其工艺技术要求及面辅材料，并从中找出A字裙装隐形拉链工艺的依据；掌握A字裙装隐形拉链工艺的流程、步骤和方法。

（2）技能目标：能熟练运用缝纫、熨烫设备，按生产工艺单要求制作出A字裙装隐形拉链样裙并进行质量检验。

（3）素质目标：熟知安全和规范操作的方式、方法，具备严谨、规范、细致、耐心等优良品质，提升自身综合职业能力。

教学建议

1. 教师活动

（1）通过展示A字裙生产工艺单及样裙，引导学生观察与思考，全面分析其规格、工艺技术要求及面辅材料，并从中找出A字裙装隐形拉链工艺的依据。提高学生识图、看表及分析工艺关键点的能力。

（2）运用多媒体课件、实例过程演示等教学手段，讲授A字裙装隐形拉链工艺流程、步骤和方法。引导学生熟练运用缝纫、熨烫设备，按生产工艺单要求制作出A字裙装隐形拉链样裙并进行质量检验。

（3）引导学生树立安全和规范操作的意识，通过分享A字裙装隐形拉链工艺作品，让学生感受品质控制的关键之处。

2. 学生活动

（1）通过分小组学习形式，以A字裙设计与制作为依托，形成自主学习、自我管理的学习模式，以学生为中心取代以教师为中心。

（2）选取合适尺码，按生产工艺单要求制作出A字裙装隐形拉链样裙并进行质量检验。

一、学习问题导入

本次课主要学习 A 字裙装隐形拉链工艺。装隐形拉链的工艺在 A 字裙制作中比较重要,希望同学们通过不断训练来掌握装隐形拉链的工艺技巧,并提高熟练程度。

二、学习任务讲解

1. 工序

锁边→缝合裙片与腰头面→缝合裙片侧缝、折烫裙底边→缂隐形拉链。

2. 工艺流程

(1) 锁边。

对前裙片侧缝及底边、后裙片侧缝及底边、后中缝进行三线包缝,如图 5-14 所示。

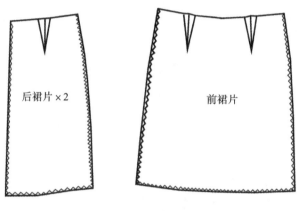

后裙片×2

前裙片

图 5-14 锁边

(2) 缝合裙片与腰头面。

分别将前、后裙片与前、后腰头面正面相对后缝合,缝份倒向腰头面,如图 5-15 所示。

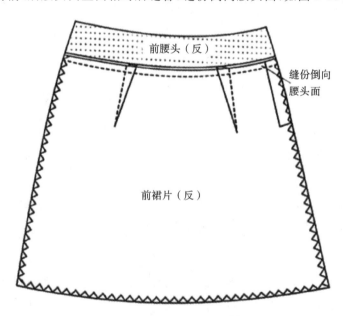

前腰头(反)

缝份倒向腰头面

前裙片(反)

图 5-15 缝合裙片与腰头面

(3) 缝合裙片侧缝、折烫裙底边。

缝合裙片侧缝,侧缝的拉链开口部分不缝合,然后将缝份分缝烫开,将裙底边向上折 3 cm 烫平,如图 5-16 所示。

服装工艺

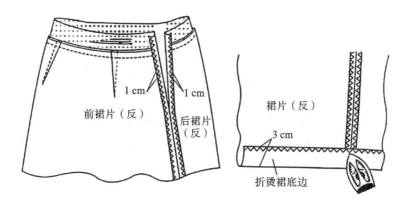

图 5-16　缝合裙片侧缝、折烫裙底边

（4）绱隐形拉链。

①确定拉链的长度。

拉链的长度要比开口长 2.5～3 cm，以便拉链绱好后能将拉链头拉到正面，如图 5-17(a)所示。

②手缝固定拉链布带。

将裙片反面向上，正面的拉链牙与侧缝线对准，拉链尾部的拉链头留出 2.5 cm 左右与裙片开口对齐，把拉链头拉到拉链尾部后，再将缝份与拉链布带手缝固定，如图 5-17(b)所示。注意检查前、后裙片对位记号是否对准，裙片是否平服。

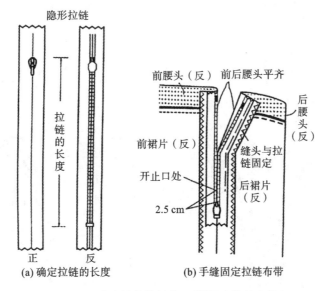

(a) 确定拉链的长度　　(b) 手缝固定拉链布带

图 5-17　确定拉链的长度、手缝固定拉链布带

③车缝固定拉链。

将拉链头拉到拉链尾部，换用隐形拉链压脚，车缝固定拉链，车缝时要用手掰开拉链牙，不要将拉链牙缝住，如图 5-18 所示。

④拉出拉链头。

拉链固定住后，将拉链头从尾部拉出，并向上拉，使拉链闭合，如图 5-19 所示。

⑤手缝加固拉链布带下端。

用三角针手缝加固拉链布带下端，如图 5-20(a)所示。

⑥检查。

检查拉链是否密合，裙片是否平服且腰头是否对齐，如图 5-20(b)所示。

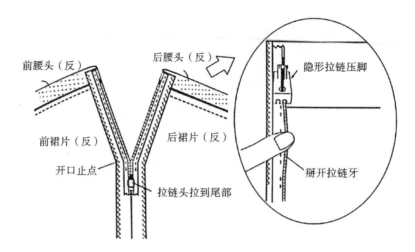

图 5-18　车缝固定拉链

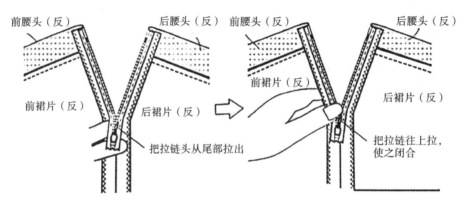

图 5-19　拉出拉链头

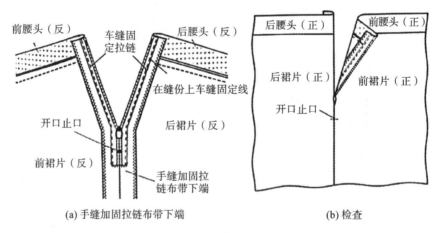

(a) 手缝加固拉链布带下端　　　　　(b) 检查

图 5-20　手缝加固、检查

三、学习任务小结

通过本次课的学习,同学们已经初步了解了 A 字裙装隐形拉链的工艺,掌握了 A 字裙装隐形拉链的工艺要求、熨烫要点和注意事项。通过观看老师的示范,同学们对装隐形拉链工艺有了深层次的理解。课后,大家要多练习 A 字裙装隐形拉链技术,提高自己的动手能力。

四、课后作业

根据图 5-21 完成 A 字裙装隐形拉链工艺实训。

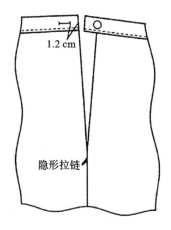

图 5-21 A 字裙装隐形拉链工艺实训

学习任务四　裙子绱腰工艺

教学目标

（1）专业能力：了解裙子生产工艺单的内容，能分析其工艺技术要求及面辅材料，并从中找出裙子绱腰工艺的依据；掌握裙子绱腰工艺流程、步骤和方法；能熟练运用缝纫、熨烫设备，按生产工艺单要求制作出裙子绱腰样裙并进行质量检验。

（2）社会能力：培养爱岗敬业精神及严谨、规范、细致、耐心等优良品质；掌握安全和规范操作的方式、方法，提升沟通与合作能力。

（3）方法能力：能制定实操计划，培养独立完成任务的能力；善于观察、思考和总结，具备一定的语言表达和识图、制作能力。

学习目标

（1）知识目标：能看懂裙子生产工艺单，会分析其工艺技术要求及面辅材料，并从中找出裙子绱腰工艺的依据；掌握裙子绱腰工艺的流程、步骤和方法。

（2）技能目标：能熟练运用缝纫、熨烫设备，按生产工艺单要求制作出裙子绱腰样裙并进行质量检验。

（3）素质目标：熟知安全和规范操作的方式、方法，具备严谨、规范、细致、耐心等优良品质，提升自身综合职业能力。

教学建议

1. 教师活动

（1）通过展示裙子生产工艺单及样裙，引导学生观察与思考，全面分析其规格、工艺技术要求及面辅材料，并从中找出裙子绱腰工艺的依据。提高学生识图、看表及分析绱腰工艺关键点的能力。

（2）运用多媒体课件、实例过程演示等教学手段，讲授裙子绱腰工艺流程、步骤和方法。引导学生熟练运用缝纫、熨烫设备，按生产工艺单要求制作出裙子绱腰样裙并进行质量检验。

（3）引导学生树立安全和规范操作的意识，通过分享裙子设计作品，让学生感受品质控制的关键之处。

2. 学生活动

（1）通过分小组学习形式，以裙子设计与制作为依托，形成自主学习、自我管理的学习模式，以学生为中心取代以教师为中心。

（2）选取合适尺码，按生产工艺单要求制作出裙子绱腰样裙并进行质量检验。

一、学习问题导入

本次课主要学习裙子绱腰工艺。裙子绱腰的工艺直接影响装腰难度和腰型美观度,希望同学们通过不断训练来掌握裙子绱腰工艺技巧,并使自己制作的样裙达到质量要求。

二、学习任务讲解

1. 工序

做腰头→装腰头→装裤钩及钩袢。

2. 工艺流程

(1) 做腰头。

①将有黏胶的树脂净腰衬黏在腰面上,并在腰面下口做装腰标记,如图5-22所示。

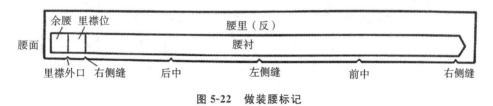

图 5-22 做装腰标记

②将腰里下口缝头沿腰衬扣转包紧,并烫平;将腰面下口沿腰衬折转包紧,并烫平,如图5-23所示。

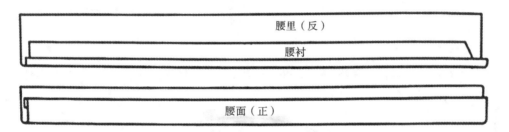

图 5-23 腰里、腰面下口折转熨烫

③将腰里沿腰面下口扣转,并烫平。烫好的腰头腰里要比腰面宽出 0.1 cm 左右的余势,以便装腰时能在压缉腰面的同时缉牢腰里;如果装腰采用别落缝缉,腰里则应该比腰面宽出 0.2 cm 左右的余势,如图5-24所示。

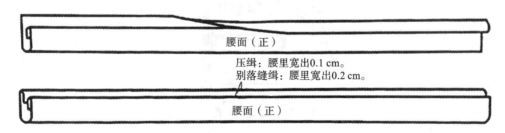

图 5-24 烫出余势

(2) 装腰头。

①将腰面的对档标记对准裙身腰口对应位置,腰头在上,裙身在下,正面相叠,缝头对齐,从门襟开始向里襟方向沿腰面净缝缉线。腰头可略紧些,以防还口。具体如图5-25所示。

②腰面装好后,将腰面、腰里正面相叠,两边封口,注意做出里外匀,如图5-26(a)所示。也可按图5-26(b)的方法封口。

③将腰面翻正,腰里放平,在正面兜缉 0.1~0.15 cm 止口,压缉腰面下口时注意将下层腰里带紧,防止起涟。也可在腰面下口别落缝缉,就不须再兜缉腰面其他三边。

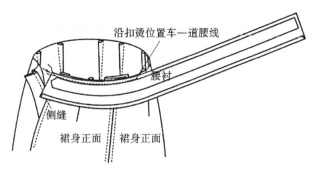

图 5-25　缝合腰面与裙身腰口

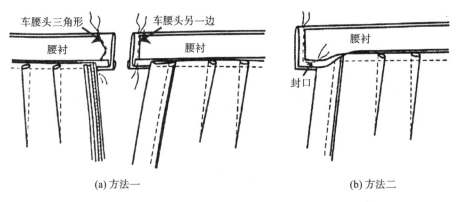

(a) 方法一　　　　　　　　　　(b) 方法二

图 5-26　封腰头两边

（3）装裤钩及钩袢。

在腰头门襟一端居中位置装上裤钩，离止口 0.5 cm；钩袢装在腰头里襟一端居中位置，平齐里襟里口线，如图 5-27 所示。

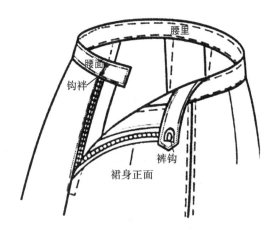

图 5-27　装裤钩及钩袢

3. 制作技巧

（1）装腰头前，一定要做装腰对档标记，核对裙身腰口的尺寸是否符合要求。

（2）腰头两边的封口要缉出里外匀，否则会导致止口倒吐或角倒翘。

（3）装腰头时注意在腰口暗裥处向上拢一把，形成自然层势，使暗裥下口并拢、不会豁开。

（4）装腰头的第二道压缉或别落缝缉都要把腰里带紧，略推送腰面，推送腰面可借助镊子钳，一定要保持上下松紧一致，否则，装的腰头会出现涟形，严重的装到一半就无法再装下去。

（5）图 5-26 中，"方法一"的腰头，由于腰里做光、余势较小，在正面压缉时一定要注意腰里是否压缉到位，要做到腰面、腰里放平整，避免造成腰里漏缉的现象。"方法二"的腰头，虽然余势较大，但如果腰面、腰里不放平整，也会造成腰里缉缝时宽时窄甚至漏缉等。

三、学习任务小结

通过本次课的学习,同学们已经初步了解了裙子绱腰的工艺,掌握了裙子绱腰工艺要求、熨烫要点和注意事项。通过观看老师的示范,同学们对裙子绱腰工艺有了深层次的理解。课后,大家要多练习裙子绱腰技术,提高自己的动手能力。

四、课后作业

根据图 5-28 完成裙子绱腰工艺实训。

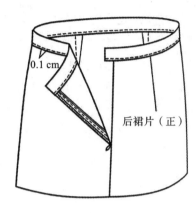

图 5-28　裙子绱腰工艺实训

学习任务五　裤子绱腰工艺

教学目标

(1) 专业能力:熟识裤子生产工艺单的内容,能分析其工艺技术要求及面辅材料,并从中找出裤子绱腰工艺的依据;掌握裤子绱腰工艺流程、步骤和方法;能熟练运用缝纫、熨烫设备,按生产工艺单要求制作出裤子绱腰样裤并进行质量检验。

(2) 社会能力:培养爱岗敬业精神及严谨、规范、细致、耐心等优良品质;掌握安全和规范操作的方式、方法,提升沟通与合作能力。

(3) 方法能力:能制定实操计划,培养独立完成任务的能力;善于观察、思考和总结,具备一定的语言表达和识图、制作能力。

学习目标

(1) 知识目标:能看懂裤子生产工艺单,会分析其工艺技术要求及面辅材料,并从中找出裤子绱腰工艺的依据;掌握裤子绱腰工艺的流程、步骤和方法。

(2) 技能目标:能熟练运用缝纫、熨烫设备,按生产工艺单要求制作出裤子绱腰样裤并进行质量检验。

(3) 素质目标:熟知安全和规范操作的方式、方法,具备严谨、规范、细致、耐心等优良品质,提升自身综合职业能力。

教学建议

1. 教师活动

(1) 通过展示裤子生产工艺单及样裤,引导学生观察与思考,全面分析其规格、工艺技术要求及面辅材料,并从中找出裤子绱腰工艺的依据。提高学生识图、看表及分析绱腰工艺关键点的能力。

(2) 运用多媒体课件、实例过程演示等教学手段,讲授裤子绱腰工艺流程、步骤和方法。引导学生熟练运用缝纫、熨烫设备,按生产工艺单要求制作出裤子绱腰样裤并进行质量检验。

(3) 引导学生树立安全和规范操作的意识,通过分享裤子样品,让学生感受品质控制的关键之处。

2. 学生活动

(1) 通过分小组学习形式,以裤子设计与工艺为依托,形成自主学习、自我管理的学习模式,以学生为中心取代以教师为中心。

(2) 选取合适尺码,按生产工艺单要求制作出裤子绱腰样裤并进行质量检验。

一、学习问题导入

本次课主要学习裤子绱腰工艺。裤子绱腰的工艺关乎腰型美观度,希望同学们认真实训,通过不断的训练掌握裤子绱腰工艺技巧,并使自己制作的样裤达到质量要求。

二、学习任务讲解

1. 工序

做腰头→装串带祥→装腰头→压腰头及压串带祥。

2. 工艺流程

(1)做腰头。

①将腰面放在腰里与腰衬之间,与腰里正面相对,一边平齐,并盖过下层的腰衬1.5 cm,对腰里、腰面、腰衬搭缉一道0.7 cm止口。腰面如有拼缝,则拼缝应对准裤子后缝。把腰里翻转烫平,沿折转边缉一道0.1 cm止口。如图5-29所示。

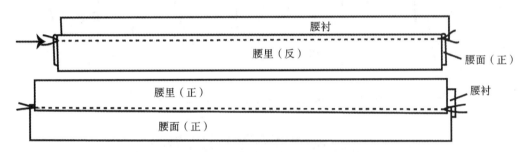

图5-29 腰头压衬

②在腰衬下口把腰里扣转烫平。腰头上口的腰面按腰衬宽度折转,烫平、烫煞。腰面下口与腰里平齐,并做好装腰头的对档刀眼。如图5-30所示。

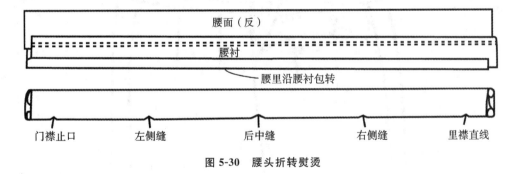

图5-30 腰头折转熨烫

(2)装串带祥,如图5-31所示。

从左到右第一根串带祥位于前裥上,第二根位于前片侧缝止口上,第四根位于后缝居中位置,第三根位于第二根和第四根中间,右面三根与左面对称。串带祥一端与腰口平齐,在腰口下方1.6~1.8 cm处,来回缉4~5道线,将其封牢。

也可按规定位置,边装腰边塞进串带祥,一起固定。再在腰口下方0.8~1 cm处,来回针封牢。

(3)装腰头,如图5-32所示。

①装腰头时,前平,中(侧缝左、右1 cm处)微松,后(臀部上口)稍紧,使腰头上口顺直、前后平服,臀部饱满。

②在腰头里襟一端装好四件扣裤祥后,再封口翻转。裤祥位置在腰面居中,平齐里襟里口线,在安装位置反面垫好衬头。

③在腰头门襟一端,将夹里和衬头修成与门襟止口平齐,上口留腰面缝头,同样垫衬头,装好四件扣裤钩。裤钩在腰面居中位置,距离止口0.8 cm左右。

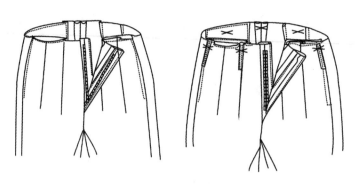

图 5-31　装串带袢

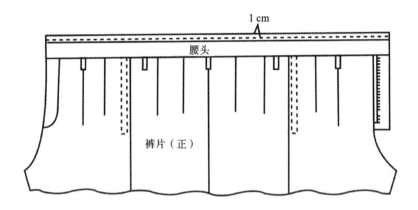

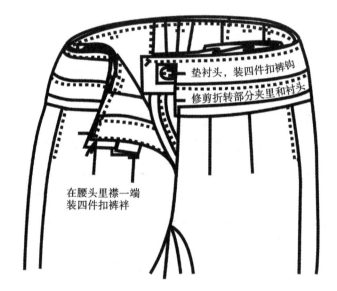

图 5-32　装腰头

（4）压腰头及压串带袢。

①在压腰头之前，先将腰头用寨线寨好，然后从门襟向里襟方向用别落缝将夹里固定。压腰头时，下层夹里要稍拉紧，用镊子钳推一把腰面，防止产生涟形。不可将腰面缉牢，也不能离开腰面太远。腰里反面余势要顺直。具体如图 5-33 所示。

②将串带袢向上翻平，放正，在距离裤腰上口 0.6 cm 处，将串带袢折转，压缉 0.1 cm 止口，来回缉 4～5 道线，将串带袢上口封牢。缉线反面要正好在腰面坐向腰里 0.8 cm 的里侧，紧靠夹里止口，但不能缉到夹里。串带袢长短要一致。具体如图 5-34 所示。

三、学习任务小结

通过本次课的学习，同学们已经初步了解了裤子绱腰的工艺，掌握了裤子绱腰工艺要求、熨烫要点和注

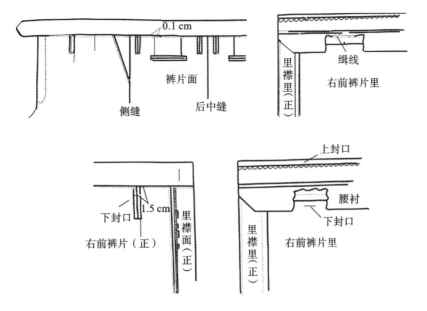

图 5-33　压腰头

意事项。通过观看老师的示范,同学们对裤子绱腰工艺有了深层次的理解。课后,大家要多练习裤子绱腰技术,提高自己的动手能力。

四、课后作业

根据图 5-35 完成女式休闲裤绱腰工艺实训。

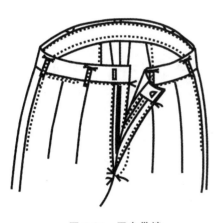

图 5-34　压串带袢

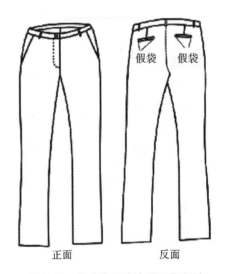

图 5-35　女式休闲裤绱腰工艺实训

项目六　裙子制作工艺

学习任务一　低腰 A 字裙制作工艺

教学目标

（1）专业能力：了解低腰 A 字裙的款式特点及穿着场合，掌握低腰 A 字裙的号型设计、制版方法及制作工艺。

（2）社会能力：掌握低腰 A 字裙的面料使用及工艺技巧；培养爱岗敬业精神及严谨、规范、细致、耐心等优良品质；掌握安全和规范操作的方式、方法。

（3）方法能力：能根据给定的号型规格进行自主制版，掌握工艺流程并能熟练操作，理解质量检验的过程及方法；能操作常用服装设备。

学习目标

（1）知识目标：掌握低腰 A 字裙的制版公式及方法，学会其制作工艺步骤及流程。

（2）技能目标：能够动手实操，完成制版、裁剪、制作等实操任务。

（3）素质目标：通过小组讨论、资料查找提高自主学习、交流沟通能力。

教学建议

1. 教师活动

（1）课前布置学习任务，要求学生自主查找低腰 A 字裙款式图或实物图，并了解其款式特点。课中通过现场展示与讲解低腰 A 字裙成品、多媒体素材等，分析低腰 A 字裙款式特点，与学生良好互动。

（2）引导学生从低腰 A 字裙廓形过渡到平面制版，让学生理解和掌握其制版方法，利用思维导图的方式将工艺流程及步骤分解。

2. 学生活动

（1）课前认真查找资料，通过网络和教材资源了解低腰 A 字裙的款式特点；认真听课，观看教师准备的多媒体素材，学会欣赏，积极大胆地表达自己的看法，与教师良好地互动。

（2）认真观察并进行低腰 A 字裙制作实操练习，保持细心和耐心，加强总结。

一、学习问题导入

裙子是女生最喜欢的服装款式之一,A字裙一直受到女生的喜爱,时尚的低腰A字裙尤其符合年轻女生的审美。本次课我们来学习低腰A字裙的制作工艺。请同学们展示自己找到的低腰A字裙图片,并讲解自己对低腰A字裙的设计、面料的了解和认识。

二、学习任务讲解

1. 款式及面料、辅料分析

(1)款式分析。

低腰A字裙整体呈现低腰A字轮廓,裙底边在膝盖以上,右侧绱隐形拉链,无里布设计,简洁、美观,如图6-1所示。

(2)面料选用。

低腰A字裙可选用中厚型素色或花色棉布、牛仔布、灯芯绒等多种面料。

(3)面料、辅料参考用量。

①面料:幅宽120 cm,用量约60 cm。估算公式:裙长+20 cm左右。(或幅宽140 cm、144 cm,用量约55 cm。估算公式:裙长+10 cm左右。)

②辅料:无纺黏合衬适量,隐形拉链1条。

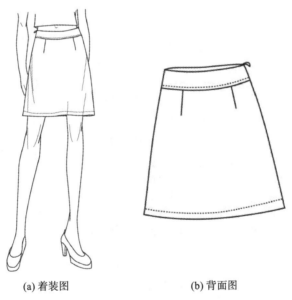

(a) 着装图　　　　　　　(b) 背面图

图 6-1　低腰 A 字裙款式图

2. 制图参考规格

制图参考规格(不含缩水率)见表6-1。

表 6-1　低腰 A 字裙款式制图参考规格　　　　　　　　单位:cm

号　型	腰围(W) (放松量为2 cm)	臀围(H) (放松量为4 cm)	裙　长	腰头宽
155/62A	62+2=64	84+4=88		
155/64A	64+2=66	86+4=90	42	4.5
155/66A	66+2=68	88+4=92		

号　　　型	腰围(W) (放松量为2 cm)	臀围(H) (放松量为4 cm)	裙　长	腰头宽
160/66A	66＋2＝68	88＋4＝92	43	4.5
160/68A	68＋2＝70	90＋4＝94		
160/70A	70＋2＝72	92＋4＝96		
165/70A	70＋2＝72	92＋4＝96	44	4.5
165/72A	72＋2＝74	94＋4＝98		
165/74A	74＋2＝76	96＋4＝100		

注:下装的型指净腰围,腰围可根据需要选择净腰围＋(0~2)cm之间的尺寸。

3. 结构图

低腰A字裙结构图如图6-2所示。

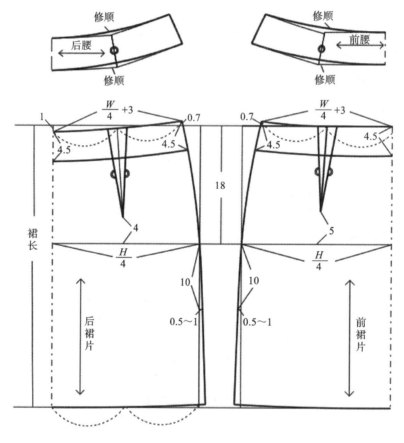

图6-2　低腰A字裙结构图(单位:cm)

4. 放缝、排料图

(1)放缝图如图6-3所示。

(2)排料图如图6-4所示。

5. 缝制工序及缝制前准备

(1)缝制工序。

画腰省、车缝腰省、熨烫腰省→缝合裙片与腰头面→缝合裙片侧缝、折烫裙底边→绱隐形拉链→缝合腰头里侧缝并扣烫缝份→缝合腰头面、腰头里、拉链→缝合腰口线并修剪、扣烫缝份→车漏落缝固定腰头里→车明线固定腰头面、腰头里→检查对位情况→处理裙底边→整烫。

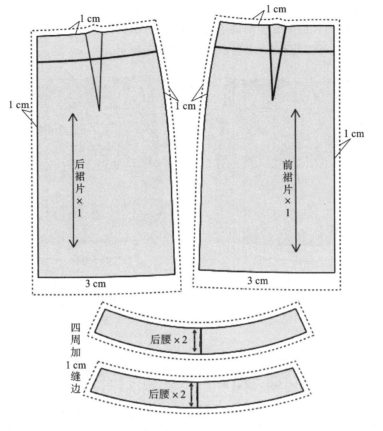

图 6-3　放缝图

幅宽120 cm，面料折叠

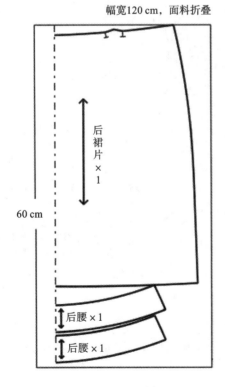
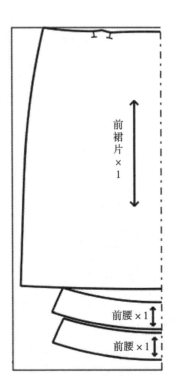

图 6-4　排料图

（2）缝制前准备。

①针号和针距密度：14 号针，每 3 cm 14～15 针。

②三线包缝部位：前、后裙片的侧缝和裙底边，如图 6-5 所示。

③烫衬部位：右侧缝拉链开口处和前、后腰头面，如图 6-5 所示。

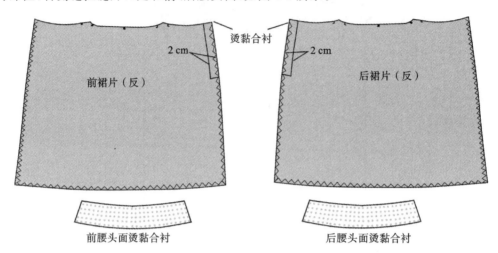

图 6-5　三线包缝和粘衬部位

6. 具体缝制工艺步骤及要求

（1）画腰省、车缝腰省、熨烫腰省。

①画腰省：在前、后裙片的反面按省位用画粉画出省道，如图 6-6（a）所示。

②车缝腰省：从省口开始回针缝至省尖，留 10 cm 左右缝线剪断后打结加固，如图 6-6（b）所示。

③熨烫腰省：将裙片反面向上，放在布馒头上，将省道向裙中间烫倒，如图 6-6（c）所示。

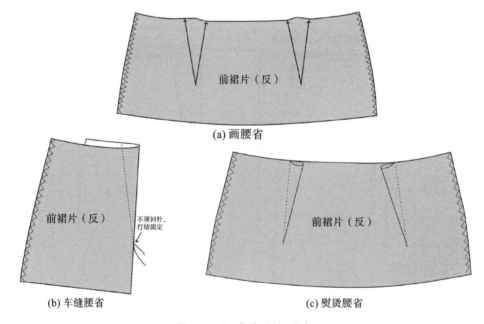

图 6-6　画、车缝、熨烫腰省

（2）缝合裙片与腰头面。

分别将前、后裙片与前、后腰头面正面相对后缝合，缝份倒向腰头面，如图 6-7 所示。

（3）缝合裙片侧缝、折烫裙底边。

①缝合裙片侧缝，侧缝的拉链开口部分不缝合，然后将缝份分缝烫开，如图 6-8（a）所示。

②将裙底边向上折 3 cm 烫平，如图 6-8（b）所示。

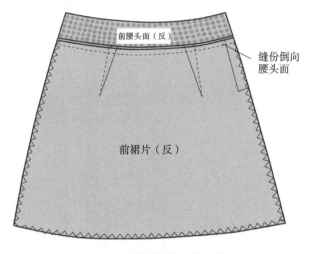

图 6-7　缝合裙片与腰头面

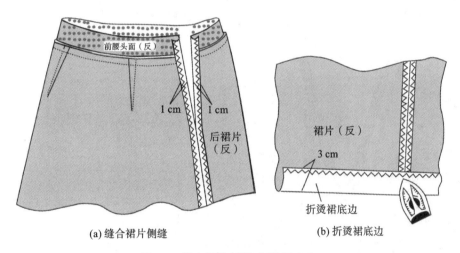

(a) 缝合裙片侧缝　　　　　(b) 折烫裙底边

图 6-8　缝合裙片侧缝、折烫裙底边

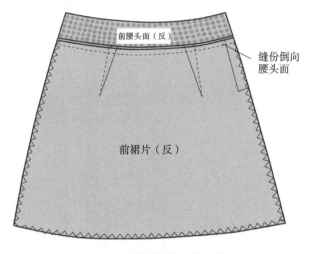

（4）绱隐形拉链。

①确定拉链的长度。

拉链的长度要比开口长 2.5～3 cm，以便拉链绱好后能将拉链头拉到正面，如图 6-9(a)所示。

②手缝固定拉链布带。

将裙片反面向上，正面的拉链牙与侧缝线对准，拉链尾部的拉链头留出 2.5 cm 左右与裙片开口对齐。把拉链头拉到拉链尾部后，再将缝份与拉链布带手缝固定。注意检查前、后裙片对位记号是否对准，裙片是否平服，如图 6-9(b)所示。

③车缝固定拉链。

将拉链头拉到拉链尾部，换用隐形拉链压脚，车缝固定拉链，车缝时要用手掰开拉链牙，不要将拉链牙缝住，如图 6-9(c)所示。

④拉出拉链头。

固定住拉链后，将拉链头从尾部拉出，并将拉链头向上拉，使拉链闭合，如图 6-9(d)所示。

⑤手缝加固拉链布带下端。

用三角针手缝加固拉链布带下端，如图 6-9(e)所示。

⑥检查。

检查拉链是否密合，裙片是否平服且腰口是否对齐，如图 6-9(f)所示。

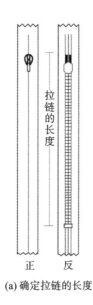

(a) 确定拉链的长度

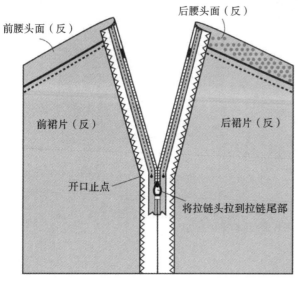

(b) 手缝固定拉链布带

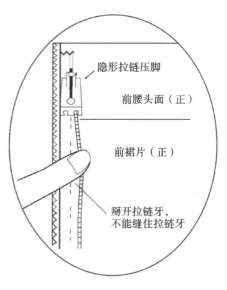

(c) 车缝固定拉链

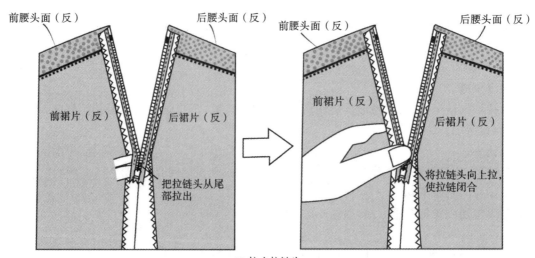

(d) 拉出拉链头

图 6-9　绱隐形拉链

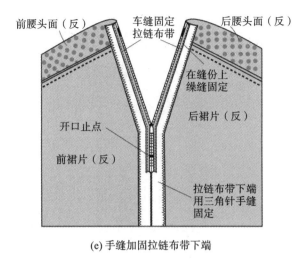

(e) 手缝加固拉链布带下端

(f) 检查

续图 6-9

（5）缝合腰头里侧缝并扣烫缝份。

①缝合腰头里侧缝，如图 6-10（a）所示。

②将缝份分缝烫平，如图 6-10（b）所示。

③按净样板扣烫腰头里下口缝份，如图 6-10（c）所示。

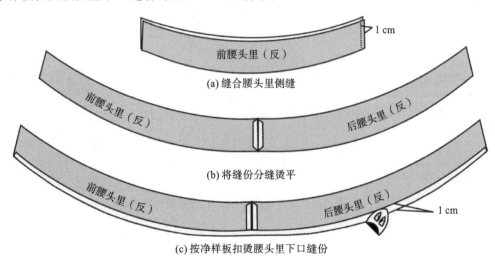

（a）缝合腰头里侧缝

（b）将缝份分缝烫平

（c）按净样板扣烫腰头里下口缝份

图 6-10　缝合腰头里侧缝并扣烫缝份

（6）缝合腰头面、腰头里、拉链，如图 6-11 所示。

①将腰头面和腰头里正面相对，在两端开口处分别把腰头里拉出 1.2 cm，再在腰头面按 0.5 cm 缝份车缝。

②将腰头里的缝份修剪成与腰头面平齐。

（7）缝合腰口线并修剪、扣烫缝份。

①缝合腰口线：腰头里反面向上，在拉链开口处折转缝份，按 1 cm 缝份车缝，如图 6-12(a)所示。

②修剪缝份：先斜向修剪腰头两端开口的角部，再将腰口线的缝份修剪至 0.5 cm，如图 6-12(b)所示。

③扣烫缝份：腰头面反面向上，折转腰口线缝份（使腰口缝合线迹刚好露出），用熨斗进行扣烫，如图 6-12(c)所示。

（8）车漏落缝固定腰头里。

先整理腰头里的下口线并放平整，然后在裙子正面的缝腰线上车漏落缝固定腰头里，注意检查腰头里下口是否车缝住，如图 6-13 所示。

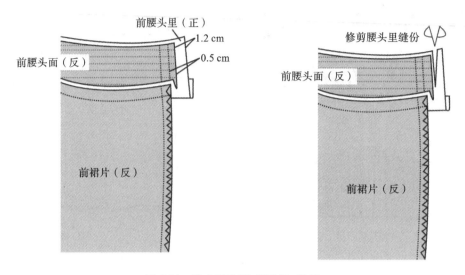

图 6-11　缝合腰头面、腰头里、拉链

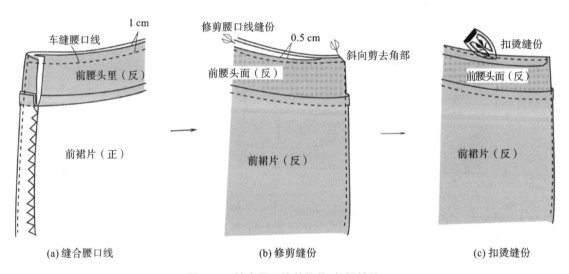

(a) 缝合腰口线　　　　　　　(b) 修剪缝份　　　　　　　(c) 扣烫缝份

图 6-12　缝合腰口线并修剪、扣烫缝份

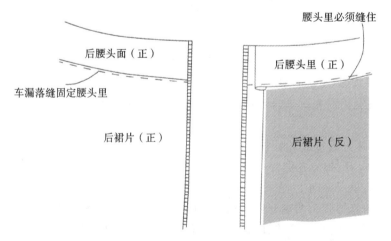

图 6-13　车漏落缝固定腰头里

（9）车明线固定腰头面、腰头里。

在腰线的内止口压线（腰口正面没有明线），也可在腰头面的绱腰线上方车 0.1 cm 明线，如图 6-14 所示。

（10）检查对位情况。

腰口线、缢腰线的前、后须平齐,如图 6-15 所示。

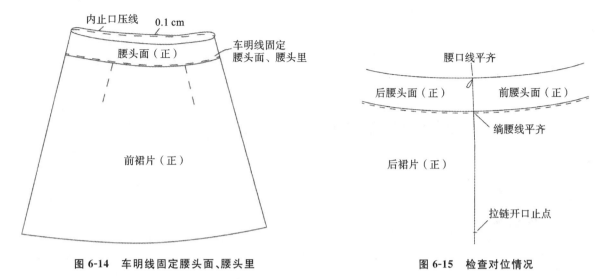

图 6-14　车明线固定腰头面、腰头里　　　　图 6-15　检查对位情况

（11）处理裙底边。

采用三角针缲缝的方法,手针固定裙底边的折边,如图 6-16 所示。

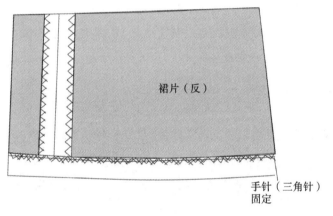

图 6-16　处理裙底边

（12）整烫。

将裙子的侧缝、腰口线及裙底边熨烫平整。

三、学习任务小结

通过本次课的学习,同学们了解了低腰 A 字裙的款式特点、面料选用及穿着场合,学习了低腰 A 字裙的结构图与放缝、排料图。在进行低腰 A 字裙制作的过程中,每一个步骤都要严谨、细致,在保证安全完成的前提下注重工艺质量。

四、课后作业

（1）按照 1∶3 的比例,绘制 1 份低腰 A 字裙结构图,并加放缝边。

（2）抄写并熟记低腰 A 字裙缝制工艺流程。

学习任务二　西装裙制作工艺

教学目标

（1）专业能力：了解西装裙的款式特点及穿着场合，掌握西装裙的号型设计、制版方法及制作工艺。

（2）社会能力：掌握西装裙的面料使用及工艺技巧；培养爱岗敬业精神及严谨、规范、细致、耐心等优良品质；掌握安全和规范操作的方式、方法。

（3）方法能力：能根据给定的号型规格进行自主制版，掌握工艺流程并能熟练操作，理解质量检验的过程及方法；能操作常用服装设备。

学习目标

（1）知识目标：掌握西装裙的制版公式及方法，学会其制作工艺步骤及流程。

（2）技能目标：能够动手实操，完成制版、裁剪、制作等实操任务。

（3）素质目标：通过小组讨论、资料查找提高自主学习、交流沟通能力。

教学建议

1. 教师活动

（1）课前布置学习任务，要求学生自主查找西装裙款式图或实物图，并了解其款式特点。课中通过现场展示与讲解西装裙成品、多媒体素材等，分析西装裙款式特点，与学生良好互动。

（2）引导学生从西装裙廓形过渡到平面制版，让学生理解和掌握其制版方法，利用思维导图的方式将工艺流程及步骤分解。

2. 学生活动

（1）课前认真查找资料，通过网络和教材资源了解西装裙的款式特点；认真听课，观看教师准备的多媒体素材，学会欣赏，积极大胆地表达自己的看法，与教师良好地互动。

（2）认真观察并进行西装裙制作实操练习，保持细心和耐心，加强总结。

一、学习问题导入

西装裙属于 OL 风格的服装,一直备受职业女性的青睐,西装裙既简单干练又凸显身材,是日常工作和正式场合的常见服装。本次课我们从西装裙的款式分析开始,学习其制作工艺。

二、学习任务讲解

1. 款式及面料、里料、辅料分析

(1)款式分析。

西装裙外形为合体直身、下摆略收,绱直型腰头。前、后各收 4 个省,后中缝上部开口并绱隐形拉链,后中缝下部开衩,右腰头门襟处锁扣眼 1 个,里襟处钉纽扣 1 粒。西装裙款式图如图 6-17 所示。

(2)面料、里料选用。

西装裙面料可选用一般毛料或薄呢类、混纺类织物,颜色深浅均可。里料常选用与面料同色的涤丝纺、尼丝纺等织物。

(3)面料、里料、辅料参考用量。

①面料:幅宽 144 cm,用量约 75 cm。估算公式:腰围+(6～8)cm。

②里料:幅宽 144 cm,用量约 65 cm。

③辅料:无纺黏合衬适量,隐形拉链 1 条,纽扣 1 粒。

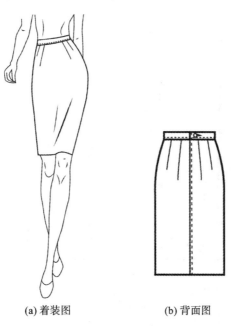

(a)着装图　　　　(b)背面图

图 6-17　西装裙款式图

2. 制图参考规格

制图参考规格(不含缩水率)见表 6-2。

表 6-2　西装裙款式制图参考规格　　　　　　　　　　单位:cm

号　　型	腰围(W) (放松量为 2 cm)	臀围(H) (放松量为 4 cm)	裙　　长	腰 头 宽
155/62A	62+2=64	84+4=88		
155/64A	64+2=66	86+4=90	60.5	3
155/66A	66+2=68	88+4=92		

号　　型	腰围（W）（放松量为2 cm）	臀围（H）（放松量为4 cm）	裙　长	腰头宽
160/66A	66＋2＝68	88＋4＝92	62	3
160/68A	68＋2＝70	90＋4＝94		
160/70A	70＋2＝72	92＋4＝96		
165/70A	70＋2＝72	92＋4＝96	63.5	3
165/72A	72＋2＝74	94＋4＝98		
165/74A	74＋2＝76	96＋4＝100		

注：下装的型指净腰围，腰围可根据需要选择净腰围＋（0～2）cm之间的尺寸。

3. 结构图

西装裙结构图如图6-18所示。右后裙片里料处理图如图6-19所示。

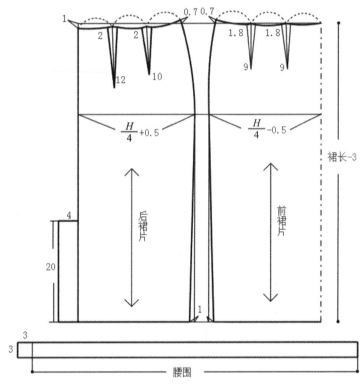

图6-18　西装裙结构图（单位：cm）

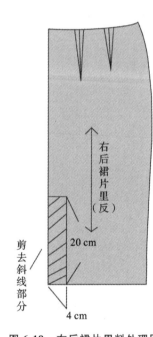

图6-19　右后裙片里料处理图

4. 放缝、排料图

（1）面料放缝、排料图如图6-20所示。

（2）里料放缝、排料图如图6-21所示。

5. 缝制工序及缝制前准备

（1）缝制工序。

做标记→烫黏合衬→面料三线包缝→面料、里料收省及烫省→缝合面料后中缝并分烫→面料绱拉链并固定→固定里料省，缝合里料后中缝并烫缝→里料绱拉链→缝合面料侧缝并分烫→缝合并三线包缝里料侧缝、烫缝→折里料底边→缝合里料开衩→制作腰头、绱腰→缲底边、拉线襻、手缝固定→锁眼、钉扣→整烫。

（2）缝制前准备。

选用与面料、里料相适应的针号和线，调整缝纫机底线、面线的松紧度及线迹、针距密度。

面料针号：80/12号、90/14号。里料针号：70/10号、75/11号。

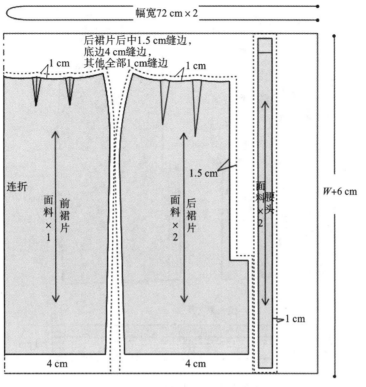

图 6-20　面料放缝、排料图

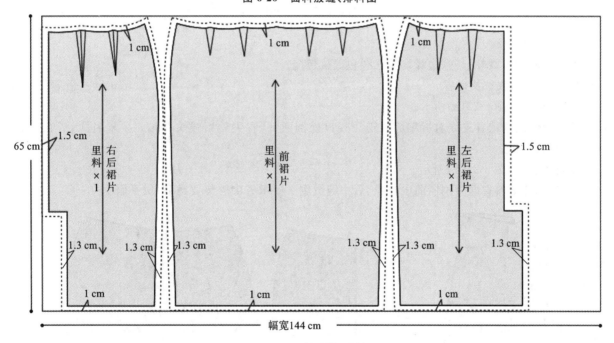

图 6-21　里料放缝、排料图

用线与针距密度：底线、面线均用配色涤纶线，针距密度为每 3 cm 14～16 针。

6. 具体缝制工艺步骤及要求

（1）做标记。

按样板分别在面料、里料的前、后裙片的省位、开衩位等处做剪口标记。剪口深度不超过 0.3 cm。

（2）烫黏合衬。

用熨斗在腰头、后开衩贴边处烫无纺黏合衬，在腰头烫黏合衬时，须根据面料厚薄情况选择烫全黏合衬或半黏合衬，如图 6-22 所示。注意根据面料性能，将熨斗调配到合适的温度、时间和压力，以保证黏合均匀牢固。

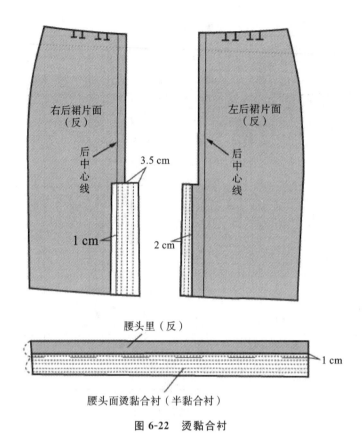

图 6-22　烫黏合衬

（3）面料三线包缝。

裙片面料除腰口线外，其余边缘均用三线包缝机包缝。

（4）面料、里料收省及烫省。

①面料收省，如图 6-23（a）所示。

在裙片面料反面依省中线对折车缝省道。腰口处倒回针，省尖处留线头打结。要求省大、省长符合规格，省缝缉得直而尖。

②面料烫省，如图 6-23（b）所示。

将前、后裙片面料省缝分别向前中心线、后中缝烫倒。要求省尖胖势要烫散、烫平服。

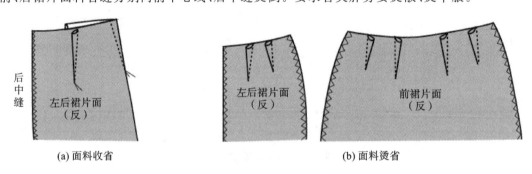

(a) 面料收省　　　　　　　　　　　　(b) 面料烫省

图 6-23　面料收省及烫省

③里料收省及烫省。

里料收省的方法与面料相同。里料烫省时要将前、后裙片里料省缝分别向两侧缝烫倒。

（5）缝合面料后中缝并分烫。

①缝合面料后中缝。

将两后裙片面料正面相对，按 1.5 cm 缝份从开口止点起针，经开衩点缝至距开衩折边 1 cm 处，如图 6-24（a）所示。然后在左后裙片的开衩点缝份处打一斜剪口。要求缝线顺直，剪口不能剪断缝线。

②分烫。

将缝合后的后中缝分缝烫平，并按净线烫平缝份，向上延伸至腰口线，向下延伸至裙底边折边，如图6-24(b)所示。

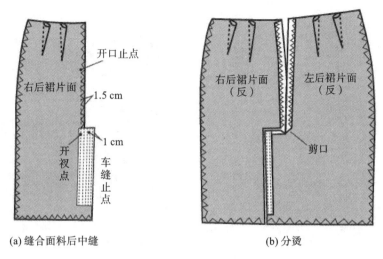

| (a) 缝合面料后中缝 | (b) 分烫 |

图 6-24　缝合面料后中缝并分烫

（6）面料绱拉链并固定。

①面料绱拉链。

先换用隐形拉链压脚或单边压脚，拉链在上，裙片在下，两者正面相对，车缝固定裙片和拉链，如图6-25(a)所示。要求拉链不外露，裙片平服，门襟、里襟不错位。

②固定。

将拉链布带两边分别与裙片缝份车缝固定，如图6-25(b)所示。

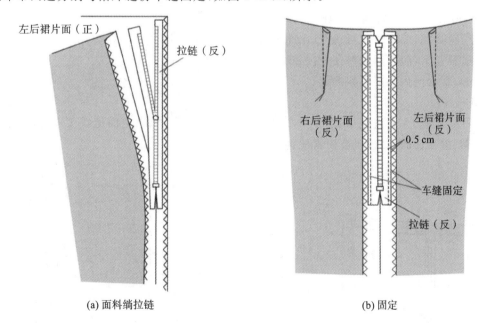

| (a) 面料绱拉链 | (b) 固定 |

图 6-25　面料绱拉链并固定

（7）固定里料省、缝合里料后中缝并烫缝。

①固定里料省。

先按省道剪口位置将省道向侧缝烫倒，然后距裙片顶部0.5 cm车缝固定省道，如图6-26(a)所示。

②缝合里料后中缝。

将两后裙片里料正面相对，按1.3 cm缝份从开口止点以下1 cm处起针，缝至开衩点，然后在开衩点缝份处打一斜剪口，如图6-26(a)所示。要求缝线顺直，剪口不能剪断缝线。

③烫缝。

将缝合后的里料后中缝以 1.5 cm 缝份向左后裙片方向扣烫平服,开口部分按净线向上延伸烫至腰口线,如图 6-26(b)所示。

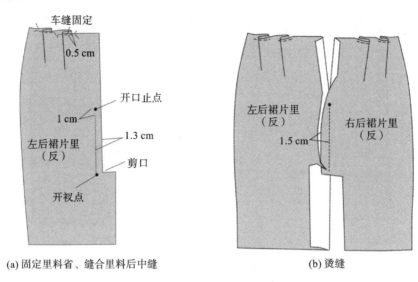

(a) 固定里料省、缝合里料后中缝   (b) 烫缝

图 6-26　固定里料省、缝合里料后中缝并烫缝

(8) 里料绱拉链。

将里料正面与拉链反面相对,按缝份车缝固定里料、拉链、面料,如图 6-27 所示。要求里料平服。

(9) 缝合面料侧缝并分烫。

①后裙片面料在下,前裙片面料在上,正面相对,缝合面料侧缝。

②将缝合后的面料侧缝分缝烫平。

(10) 缝合并三线包缝里料侧缝、烫缝。

①后裙片里料在下,前裙片里料在上,正面相对,按 1 cm 缝份缝合里料侧缝。

②后裙片里料在下,前裙片里料在上,三线包缝里料侧缝。

③按 1.3 cm 缝份向后扣烫里料侧缝。

(11) 折里料底边。

将裙片里料反面朝上,底边折 0.8 cm,再折 1.5 cm,沿边缉 0.1 cm,正面见线 1.4 cm,如图 6-28 所示。要求开衩处门襟、里襟长短一致,线迹松紧适宜,底边不起皱。

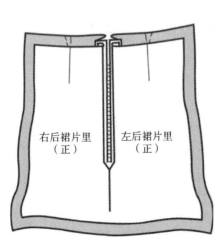

图 6-27　里料绱拉链

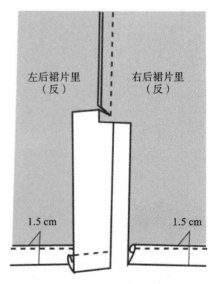

图 6-28　折里料底边

（12）缝合里料开衩。

①缝合左里料开衩。

里料在上，面料在下，正面相对，按1 cm缝份车缝固定面料、里料至裙底边折边，如图6-29(a)所示。

②缝合右里料开衩。

里料在上，面料在下，正面相对，按1 cm缝份车缝固定面料、里料门襟及开衩，修剪右门襟折边多余的部分，如图6-29(b)所示。

③缝合右门襟开衩处的裙底边折边。

要求左、右开衩长短一致，如图6-29(c)所示。

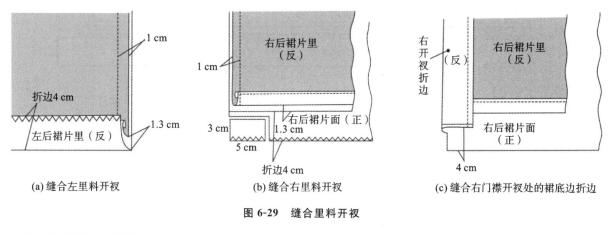

(a) 缝合左里料开衩   (b) 缝合右里料开衩   (c) 缝合右门襟开衩处的裙底边折边

图6-29　缝合里料开衩

（13）制作腰头、绱腰。

①制作腰头。

按样板分别在已粘衬的腰头的门襟、右侧缝、前中、左侧缝、里襟处做标记。要求剪口深度不超过0.3 cm。然后根据腰头宽度扣烫腰头面净样3 cm，腰头里净样3.1 cm。按腰围规格车缝腰头两端。要求腰头宽度均匀。具体如图6-30(a)所示。

将腰头里翻到正面，扣烫门襟、里襟两端，修剪腰头面缝份为1 cm，如图6-30(b)所示。

②绱腰。

将腰头面与裙面正面相对，按0.8 cm缝份车缝固定。要求面料、里料省缝的倒向正确。具体如图6-30(c)所示。

腰头面正面朝上，从门襟一端起针，沿腰头面下口车漏落缝至里襟一端，同时绱住腰头里反面0.1 cm，如图6-30(d)所示。要求门襟、里襟长短一致，腰头里绱线不超过0.3 cm。

（14）绱底边、拉线襻、手缝固定。

①烫、绱裙底边。

按规格扣烫好裙底边折边，并用手缝擦针暂时固定折边，然后采用三角针法沿包缝线将裙底边折边与裙身绱牢。要求线迹松紧适宜，裙底边正面不露针迹。

②拉线襻。

在裙子两侧缝的底边折边处，将裙面料与裙里料用线襻连接，线襻长约3 cm，如图6-31(a)所示。

③手缝固定。

在右开衩一侧的裙底边折边处用手缝锁边针迹加以固定，如图6-31(b)所示。

（15）锁眼、钉扣。

在腰头门襟一端居中位置且距边1.5 cm处，锁眼1个，眼长1.7 cm；在里襟一端正面相应位置钉纽扣1粒，如图6-32所示。

（16）整烫。

整烫前先将裙子上的线头、粉印、污渍清除干净。

①将裙子铺在铁凳上，掀开里布，用蒸汽熨斗把裙子面的裙身、两侧缝分别烫平，然后熨烫整条裙子里。

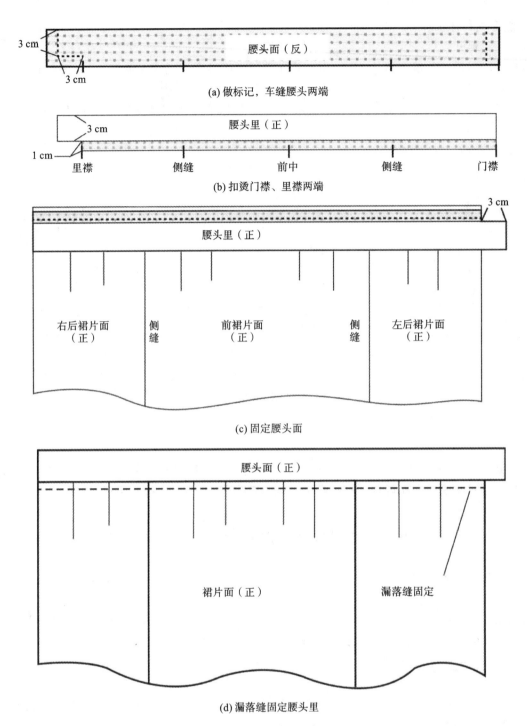

(a) 做标记，车缝腰头两端

(b) 扣烫门襟、里襟两端

(c) 固定腰头面

(d) 漏落缝固定腰头里

图 6-30　制作腰头、绱腰

②将裙子翻到正面，先烫门襟、里襟拉链、省道，再烫裙身。熨烫时应注意各部位丝缕是否顺直，如有不顺直的丝缕，可用手轻轻抚顺，使各部位平挺圆顺。

③沿裙底边熨烫，然后摆平开衩，熨烫平齐。

④熨烫完成后，用裙架将裙子吊起晾干。

三、学习任务小结

通过本次课的学习，同学们了解了西装裙的款式特点、面料选用及穿着场合，学习了西装裙的结构图与放缝、排料图。同时，懂得了制版时要记住关键规格数据，并能按照公式及体型适当调整。在进行西装裙制作的过程中，每一个步骤都要严谨、细致，在保证安全完成的前提下注重工艺质量，并时刻对照制作工艺的

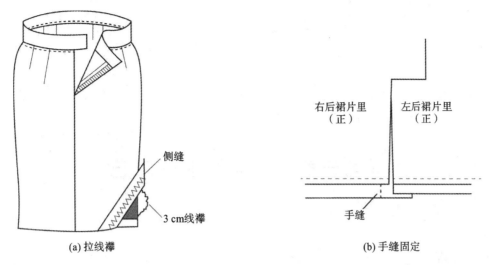

侧缝

3 cm线襻

(a) 拉线襻

右后裙片里
（正）

左后裙片里
（正）

手缝

(b) 手缝固定

图 6-31　拉线襻、手缝固定

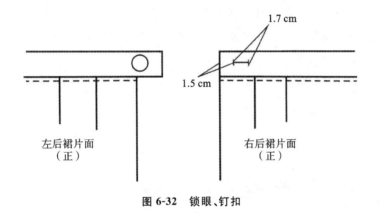

1.7 cm

1.5 cm

左后裙片面
（正）

右后裙片面
（正）

图 6-32　锁眼、钉扣

要求和标准进行制作。

四、课后作业

（1）按照 1∶3 的比例，绘制 1 份西装裙结构图，并加放缝边。

（2）抄写并熟记西装裙缝制工艺流程。

学习任务三　褶裙制作工艺

教学目标

（1）专业能力：了解褶裙的款式特点及穿着场合，掌握褶裙的号型设计、制版方法及制作工艺。

（2）社会能力：掌握褶裙的面料使用及工艺技巧；培养爱岗敬业精神及严谨、规范、细致、耐心等优良品质；掌握安全和规范操作的方式、方法。

（3）方法能力：能根据给定的号型规格进行自主制版，掌握工艺流程并能熟练操作，理解质量检验的过程及方法；能操作常用服装设备。

学习目标

（1）知识目标：掌握褶裙的制版公式及方法，学会其制作工艺步骤及流程。

（2）技能目标：能够动手实操，完成制版、裁剪、缝制等实操任务。

（3）素质目标：通过小组讨论、资料查找提高自主学习、交流沟通能力。

教学建议

1. 教师活动

（1）课前布置学习任务，要求学生自主查找褶裙款式图或实物图，并了解其款式特点。课中通过现场展示与讲解褶裙成品、多媒体素材等，分析褶裙款式特点，与学生良好互动。

（2）引导学生拓展、发散思维，从褶裙廓形过渡到平面制版，让学生逐步理解和掌握褶裙制版方法，利用思维导图的方式将工艺流程及步骤分解。

（3）引导课堂小组讨论，鼓励学生积极表达自己的观点。

2. 学生活动

（1）课前认真查找资料，通过网络和教材资源了解褶裙的款式特点；认真听课，观看教师准备的多媒体素材，学会欣赏，积极大胆地表达自己的看法，与教师良好地互动。

（2）认真观察并实操练习，跟上教师的教学节奏，保持热情、细心和耐心，加强实践与总结。

一、学习问题导入

褶裙属于较为经典的裙装款式,适合不同年龄段的女性。本次课我们从褶裙的款式分析开始,学习其制作工艺。

二、学习任务讲解

1. 款式及面料、里料、辅料分析

(1)款式分析。

褶裙低腰、宽育克、前后各有三个暗褶裥,隐形拉链装在右侧缝,腰胯部略合体,裙底边在膝盖以上(可根据个人喜好选择裙长),是较为经典的裙装款式,如图 6-33 所示。

(2)面料选用。

混纺面料、全毛面料及化学纤维面料均可。

(3)面料、里料、辅料参考用量。

①面料:幅宽 144 cm,用量约 150 cm。估算公式:(裙长×2)+30 cm。

②里料:幅宽 144 cm,用量约 60 cm。估算公式:裙长。

③辅料:无纺黏合衬适量,隐形拉链 1 条。

(a)着装图　　　　　　　(b)背面图

图 6-33　褶裙款式图

2. 制图参考规格

制图参考规格(不含缩水率)见表 6-3。

表 6-3　褶裙款式制图参考规格　　　　　　　　单位:cm

号　　型	腰围(W) (放松量为 2 cm)	臀围(H) (放松量为 4 cm)	裙　　长
155/62A	62+2=64	84+4=88	
155/64A	64+2=66	86+4=90	56.5
155/66A	66+2=68	88+4=92	

号　　型	腰围(W)（放松量为2 cm）	臀围(H)（放松量为4 cm）	裙　长
160/66A	66＋2＝68	88＋4＝92	58
160/68A	68＋2＝70	90＋4＝94	
160/70A	70＋2＝72	92＋4＝96	
165/70A	70＋2＝72	92＋4＝96	59.5
165/72A	72＋2＝74	94＋4＝98	
165/74A	74＋2＝76	96＋4＝100	

注：下装的型指净腰围，腰围可根据需要选择净腰围＋(0~2)cm之间的尺寸。

3. 结构图

（1）面料结构图如图 6-34 和图 6-35 所示。

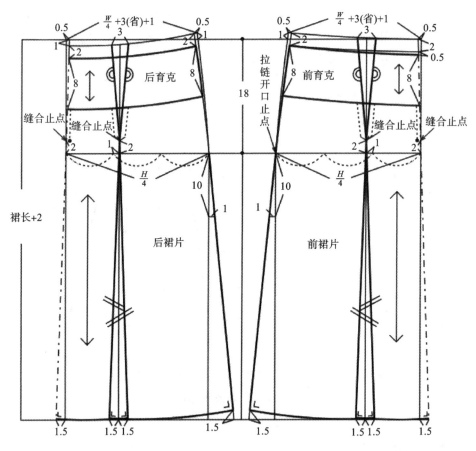

图 6-34　前后裙片面料结构图（单位：cm）

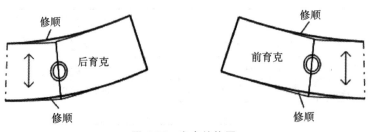

图 6-35　育克结构图

（2）面料褶裥展开图如图 6-36 所示。

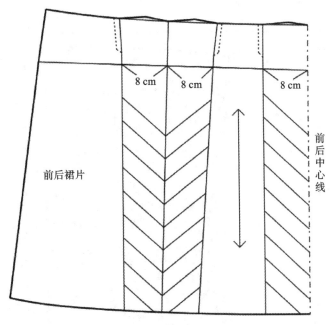

图 6-36　面料褶裥展开图

（3）里料结构图如图 6-37 所示。

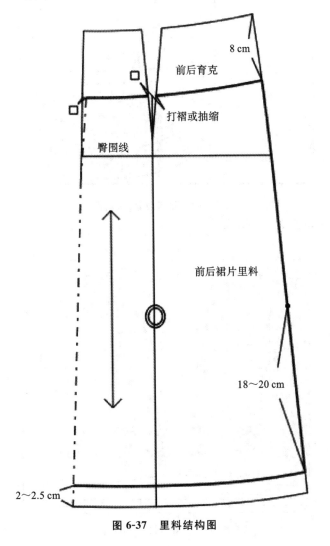

图 6-37　里料结构图

4. 放缝、排料图

（1）面料放缝、排料图如图 6-38 所示。

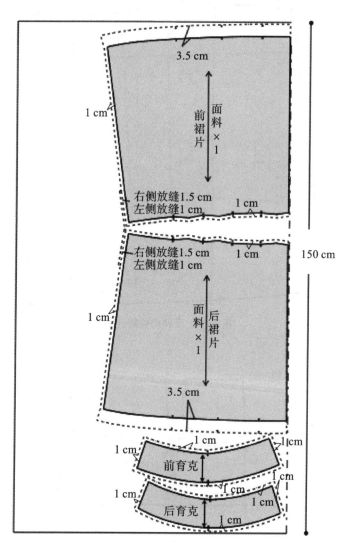

图 6-38　面料放缝、排料图

（2）里料放缝、排料图如图 6-39 所示。

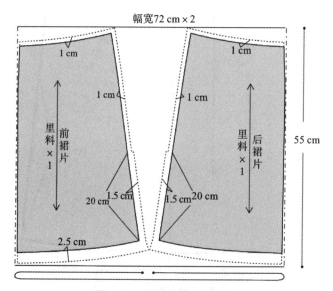

图 6-39　里料放缝、排料图

5．缝制工序及缝制前准备

（1）缝制工序。

打线钉、折烫裙底边→烫褶裥、反面固定褶裥→车缝固定褶裥上部→缝合面料→缝合里料→绱隐形拉链→缝合面料、里料开口与拉链→缝合腰口面料和里料→翻烫腰口线→固定裙底边→整烫。

（2）缝制前准备。

①选用与面料、里料相适应的针号和线，调整底线、面线的松紧度及针距密度。

面料针号：75/11 号、90/14 号。里料针号：65/9 号、75/11 号。

用线与针距密度：底线、面线均用配色涤纶线，明线、暗线针距密度为每 3 cm 14～15 针。

②烫衬部位：在前、后裙片的拉链开口处粘无纺黏合衬，长 18 cm、宽 2 cm。

③三线包缝部位：面料除腰口线外，其余三边三线包缝。

6．具体缝制工艺步骤及要求

（1）打线钉、折烫裙底边。

在前、后裙片面料上，按折烫线位置打线钉，将裙底边向上折 3.5 cm 并烫平，如图 6-40 所示。

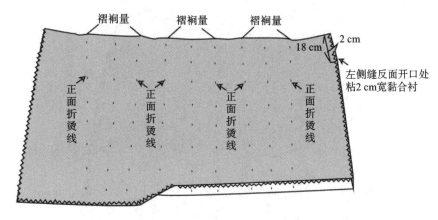

图 6-40　打线钉、折烫裙底边

（2）烫褶裥、反面固定褶裥。

将面料正面朝上，按线钉记号折烫出褶裥，再将面料反面朝上，对每个褶边车缝一道 0.1 cm 线至裙底边，以便褶裥定位，如图 6-41 所示。

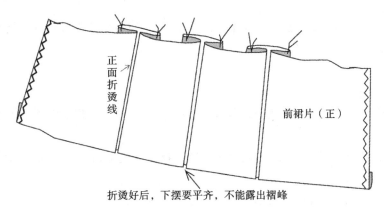

图 6-41　烫褶裥、反面固定褶裥

（3）车缝固定褶裥上部。

在裙片上口距边 0.5 cm 处车固定线，然后将裙片正面朝上，整理褶裥后，车缝固定褶裥上部，如图 6-42 所示。

（4）缝合面料，如图 6-43 所示。

①缝合育克面料与裙片面料。

将前后育克面料与裙片面料分别缝合，注意上、下片的中点要对准，缝份往育克一侧烫倒。

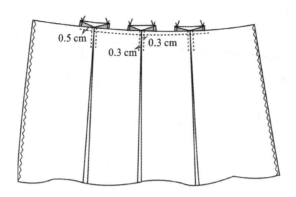

图 6-42　车缝固定褶裥上部

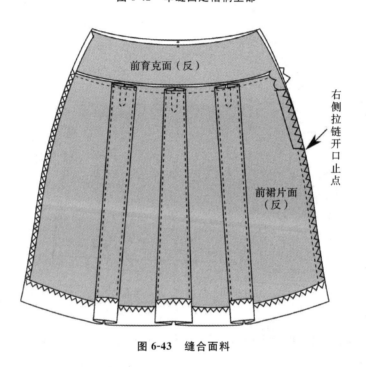

图 6-43　缝合面料

②缝合面料侧缝。

先缝合左侧缝,缝份 1 cm,分缝烫平。再缝合右侧缝,从右侧的拉链开口止点缝至裙底边,缝份 1 cm,分缝烫平至腰口。

（5）缝合里料。

①缝合育克里料与裙片里料。

将裙片里料按褶裥位置折好,与育克里料缝合,注意上、下片的中点要对准,缝份往育克一侧烫侧。

②缝合里料侧缝。

左侧缝从腰口处缝至裙底边开衩点,右侧缝从拉链开口止点缝至裙底边开衩点,如图 6-44(a)所示。

③缝合里料开衩。

先将侧缝的缝份分开烫平,再把开衩布边折光车缝固定,如图 6-44(b)所示。

④车缝裙底边。

将裙底边折光车缝固定,如图 6-44(c)所示。

⑤烫侧缝。

将左侧缝育克里料剪口后分缝烫平,育克下部的里料缝份向后裙片烫倒,右侧缝缝份也向后裙片烫倒。

（6）缝隐形拉链。

先将隐形拉链与裙右侧开口缝份假缝或车缝固定,再换用隐形拉链压脚或单边压脚车缝固定拉链。要求左右育克线平齐,腰上口平齐,如图 6-45 所示。

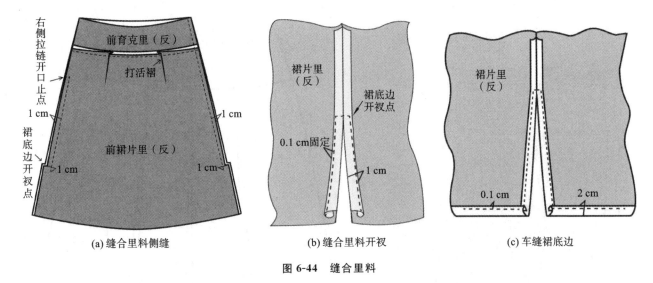

(a) 缝合里料侧缝　　　　　　　(b) 缝合里料开衩　　　　　　　(c) 车缝裙底边

图 6-44　缝合里料

（7）缝合面料、里料开口与拉链。

将里料开口缝份拉出,超过下层面料开口缝份 0.6～0.8 cm,再距边 1.3 cm 把面料、里料开口及拉链一起缝住,如图 6-46 所示。

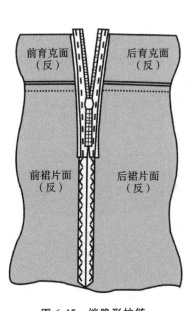

图 6-45　绱隐形拉链

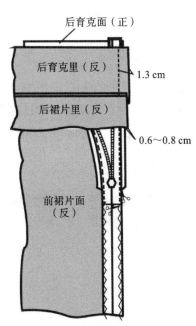

图 6-46　缝合面料、里料开口与拉链

（8）缝合腰口面料和里料。

将育克腰口的面料、里料正面相对,距边 0.9 cm 车缝,然后将缝份修剪至 0.5～0.6 cm(或斜向剪口),如图 6-47 所示。

（9）翻烫腰口线。

把裙子翻到正面,在育克的腰口线处车缝 0.1 cm 明线压住缝份,然后熨烫腰口线。注意做出里外匀,如图 6-48 所示。

（10）固定裙底边。

用手缝三角缲针法固定裙底边,要求每针 0.7～0.8 cm,缝线稍松,正面不露明显线迹。

（11）整烫。

将裙子缝份、褶裥、腰口线及底边熨烫平整。

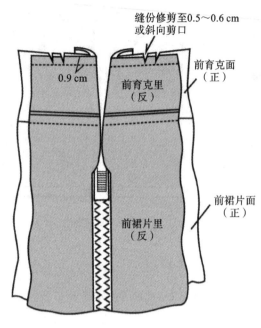

图 6-47　缝合腰口面料和里料

图 6-48　翻烫腰口线

三、学习任务小结

通过本次课的学习,同学们已经初步了解了褶裙的款式特点、面料选用及穿着场合,学习了褶裙的结构图与放缝、排料图。在进行褶裙制作的过程中,每一个步骤都要细致、严谨,在保证安全完成的前提下注重工艺质量。

四、课后作业

(1)按照 1∶3 的比例,绘制 1 份褶裙结构图,并加放缝边。
(2)抄写并熟记褶裙缝制工艺流程。

参 考 文 献

[1] 许涛.服装制作工艺:实训手册[M].2版.北京:中国纺织出版社,2013.

[2] 孙兆全.成衣纸样与服装缝制工艺[M].2版.北京:中国纺织出版社,2010.

[3] 张繁荣.服装工艺[M].3版.北京:中国纺织出版社,2017.

[4] BOUTIQUA S.全图解裁缝圣经[M].方嘉铃,连雪伶,庄琇云,等译.新北:雅书堂,2016.

[5] (日)文化服装学院.文化服饰大全服饰造型讲座 2:裙子·裤子[M].张祖芳,译.上海:东华大学出版社,2006.

[6] 李文玲,蒋静怡,庄立新.服装缝制工艺[M].北京:中国纺织出版社,2017.

[7] 安妮特·费舍尔.国际服装缝制工艺详解[M].上海:东华大学出版社,2016.

[8] 刘峰,卢致文,吴改红.图解服装裁剪与缝纫工艺:成衣篇[M].北京:化学工业出版社,2020.

[9] 张明德.服装缝制工艺[M].4版.北京:高等教育出版社,2019.

[10] 鲍卫君.服装制作工艺:成衣篇[M].北京:中国纺织出版社,2016.